12396
北京新农村科技服务热线咨询问答图文精编 Ⅲ

◎ 孙素芬　罗长寿　主编

中国农业科学技术出版社

图书在版编目（CIP）数据

12396北京新农村科技服务热线咨询问答图文精编．Ⅲ / 孙素芬，罗长寿主编．— 北京：中国农业科学技术出版社，2018.9

ISBN 978-7-5116-3743-7

Ⅰ．① 1… Ⅱ．①孙… ②罗… Ⅲ．①农业技术－科技服务－咨询服务－普及读物 Ⅳ．① S-49

中国版本图书馆 CIP 数据核字（2018）第 129121 号

责任编辑 徐　毅
责任校对 李向荣

出 版 者 中国农业科学技术出版社
北京市中关村南大街 12 号　邮编：100081
电　　话（010）82106631（编辑室）（010）82109702（发行部）
（010）82109702（读者服务部）
传　　真（010）82106631
网　　址 http://www.castp.cn
经 销 者 各地新华书店
印 刷 者 固安县京平诚乾印刷有限公司
开　　本 880mm × 1 230mm　1/32
印　　张 12.625
字　　数 350 千字
版　　次 2018 年 9 月第 1 版　2018 年 9 月第 1 次印刷
定　　价 90.00 元

《12396北京新农村科技服务热线咨询问答图文精编Ⅲ》

编 委 会

主　　任　孙素芬　李志军

副 主 任　秦向阳　杨国航　于　峰　龚　晶

委　　员　（以姓氏笔画为序）

程继川　赵淑红　张峻峰　耿东梅

谢莉娇　罗长寿　魏清风

农业技术顾问（以姓氏笔画为序）

石宝才　白　金　司亚平　刘月焕　刘华贵　李明远

初　芹　张有山　张宝海　张　剑　陈文良　陈春秀

周　涤　单福华　赵际成　徐绍刚　徐　筠　黄金宝

尉德铭　鲁韧强

主　　编　孙素芬　罗长寿

副 主 编　龚　晶　曹承忠

编写人员（以姓氏笔画为序）

于维水　马文雯　王富荣　王金娟　杜　鑫

吴彦澎　余　军　郑亚明　孟　鹤　栾汝朋

郭　强　赵　娣　黄　杰　魏清风　陆　阳

前言

“12396星火科技热线”是国家科技部与工业和信息化部联合建立的星火科技公益服务热线。“12396北京新农村科技服务热线”是由北京市科委农村发展中心与北京市农林科学院联合共建，是面向“三农”开展农业科技信息服务的综合平台。热线有一支由百余名具有丰富理论知识与实践经验的农业专家组成的服务团队，服务内容主要包括蔬菜、果树、食用菌、杂粮、畜禽等方面农业生产问题。自2009年正式开通以来，除在北京市进行服务应用外，同时，还立足京津冀辐射扩展到全国其他30个省、市、自治区，社会经济效益显著，树立了农业科技咨询的“京科惠农”服务品牌。

在服务过程中，热线积累了大量来自农业生产一线的技术和实践问题，为更好地发挥这些咨询问题对农业生产的指导作用，编者精选了部分图文问题并在充分尊重专家实际解答的基础上，进行了文字、形式等方面的编辑加工，使解答尽量简洁、通俗、科学、严谨。本书汇集了蔬菜、果树、花卉、杂粮和畜禽养殖等不同生产门类的图文问题，希望通过这些精选的问题更好地传播知识，为农业生产提供参考与借鉴，更好地发挥农业科技的支撑作用。

本书中涉及农业生产问题的解答，一般是专家对咨询者提出的问题进行针对性的解答，由于农业生产具有实践的现实性、复杂性，因此，在参考本书中相关解答时，请结合当地的气候、农时和生产实践，不要全盘照搬，不要教条化执行专家解答，这一点请广大读者理解。

本书的主要目的是延续热线的公益性服务作用，通过对农业生产一线遇到的问题进行图文展示，结合专家的详细解答，为用户提供直观的参考。对于提供原始图片的热线服务用户，表示感谢！对于未能标注出处的作者，敬请谅解！对参加“12396北京新农村科技服务热线”服务的专家以及为本书提供指导的各位专家，表示感谢！没有你们的辛勤劳动，就没有本书的成稿、付梓！北京市科委农村发展中心及北京市农林科学院的相关领导对本书的编写提供了大力支持，在此也表示衷心的感谢！

鉴于编者的技术水平有限，文中难免有所纰漏，敬请各位同行和广大读者不吝赐教、批评指正！

编　者

2018年5月

目录
CONTENTS

第一部分　蔬　菜

第二部分 果 品

第三部分　作　物

第四部分　食用菌

第五部分　花　卉

第六部分　土　肥

第七部分 畜 牧

第八部分 水 产

第一部分 蔬菜

（一）茄果类

问：番茄连作且没有翻地，80% 的秧苗新叶蜷缩、发黄，生长缓慢，怎么处理？

山东省　网友“山东种菜”

答：李明远　研究员　北京市农林科学院植物保护环境保护研究所

从发来的图片上看，番茄植株有点黄，长势还不错。

一般情况下番茄不应当连作，因为连作会出现某些营养元素的缺乏、病虫害的积累以及自毒（即受到番茄自己施放在土中的毒素）伤害。

全园 80% 都是这样，那么发生病害的可能不大，应当是营养方面出现了连作障碍。

建议

追施些速效性肥料，或者补充一些叶面肥。

02

问：最近棚里湿度大，番茄叶子正常，茎上发白干枯，是什么病?

江苏省南通市　袁先生

答：黄金宝　副研究员　北京市农林科学院植物保护环境保护研究所

从图片的症状看，可能是菌核病。

建议

可以折断病茎，看中间有没有白色菌丝、菌丝块，甚至像老鼠粪似的黑色菌核，如有此种情况，则是菌核病，可用啶酰菌胺、嘧霉胺等药剂防治。

03

问：挨着大棚风口处的番茄茎秆切开后，发现里面是黑的，不发侧枝，是什么病，怎么预防？

北京市　网友“雨露密云番茄种植”

答：李明远　研究员　北京市农林科学院植物保护环境保护研究所

从图片看，没有明显的病征，不知道叶片是否有病变。如果是成片发生，应该不是传染性病害，反而更像是生理病害，可从管理上找找原因。

04 问：番茄脐部有黑褐色的斑，是什么病，怎么防治？

北京市　农博科温室　赵先生

答：李明远　研究员　北京市农林科学院植物保护环境保护研究所

从图片看，是脐腐病，由于缺钙引起。一般土壤里有钙元素，那为什么还会发生缺钙呢？这是因为，缺钙一般是由于干旱引起，干旱使土壤浓度增高，致使钙的吸收不足，造成了果实脐部生长受阻。

解决方法

适当进行浇水，或是购买钙元素多的叶面肥进行喷施。

问：番茄叶脉发白是怎么回事?

辽宁省喀左县　闫先生

答：李明远　研究员　北京市农林科学院植物保护环境保护研究所

从图片看，没有发现明显的致病因子。可能是环境因素造成的，有的时候冷害会引起番茄叶脉发白。

06 问：番茄叶片边缘干枯是怎么回事？

河南省　张先生

答：李明远　研究员　北京市农林科学院植物保护环境保护研究所

从图片看，有一个叶片像是灰霉病，其他的多是些生理病害。生理病害多是由于环境因素引起的，发展（出现）较慢，一般不传染。具体的原因应当从栽培管理过程中分析，如冷害、骤然的温度变化、水肥失调等。有些发生在老叶上，将其打掉即可。

问：不少番茄植株中上部的茎上出现一个像被刀切裂开的口子，是什么问题?
浙江省　网友“丽水～西米露”

答：李明远　研究员　北京市农林科学院植物保护环境保护研究所

从发来的图片看，像是芽枯病。此病一般发生在夏季和初秋，现在刚是立春节气，这种情况很少见。此病发生的原因是连阴天后突然放晴，高温下将柔嫩芽子晒枯，以后在茎继续生长时，使枯死部分包在里面，形成一道缝。从当前的环境条件看，这种可能性不大。

此外，在冬季时，冷害也会引起茎开裂。即番茄的茎表皮被冻坏，转暖后茎继续增粗，在坏死的组织处形成裂缝。可继续观察分析，看是否是由于这种原因引起的。

08 问：小拱棚种植的番茄有点旺长，三四天前打了 4 种药物，叶子上出现枯斑，该如何解决?

江苏省南通市　袁先生

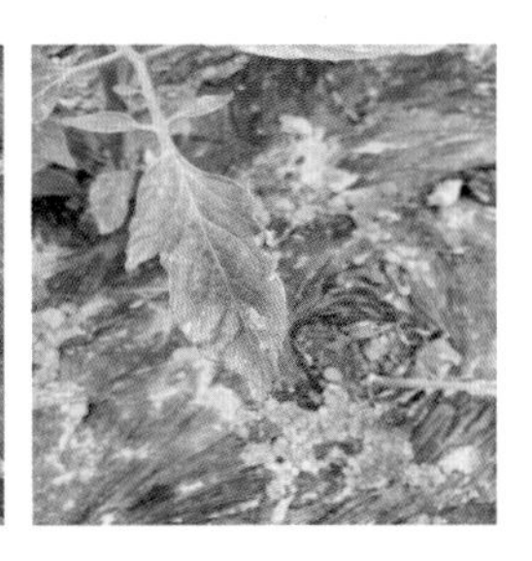

答：陈春秀　推广研究员　北京市农林科学院蔬菜研究中心

从图片看，第一张图片是叶霉病初期，第二张、第三张图片是药害。分析可能是湿度大造成真菌浸染。

建议

（1）在低温情况下，除了多层覆盖膜外，还可以加盖草帘进行保温。

（2）白天温度升高后，要揭开上面的覆盖物，进行通风、透光，降低湿度，减少病害的发生。

（3）不要几种药混合喷打，以免出现药害。

09 问：番茄果实裂口，有霉层。叶片发黄，上面有毛，是怎么回事，怎么防治?

河北省　于先生

答：李明远　研究员　北京市农林科学院植物保护环境保护研究所

从图片看，叶子正面有一块块变黄，如果叶背有霉层，应当是叶霉病。果实上有黑斑可能是早疫病或是果腐病，或因采收不及时造成的。果实开裂有可能是此前果皮受到伤害，如药害、冷害使果皮受损，再往后就会开裂。

防治方法

如果能确定是叶霉病和早疫病，可用 10% 苯醚甲环唑悬浮剂 1 500 倍液，每 7 天喷 1 次，连续喷 3 次，应当可以控制住病害发展。

10 问：番茄底部叶片有黄斑是怎么回事？

北京市　网友“鲜量农场”

从图片看，茎上都是霉变，可以确定为发生了灰霉病。应当抓紧做好灰霉病的控制，对发病植株要用塑料袋套住灰霉，带出棚室烧毁，全棚进行药剂防治。

问：番茄果柄处裂开，长黑霉，是怎么回事？
河北省迁西县　于先生

答：黄金宝　副研究员　北京市农林科学院植物保护环境保护研究所

从图片看，2个番茄果实，一个表现为裂果，一个表现为果顶部长满黑霉，分析应当不是由于传染性病害引起的，可能与品种特性或棚室内温度低及管理不当有关，果实上的黑霉应当是腐生菌。

应对措施

可将有黑霉的病果和裂果摘除掉，加强棚室管理，尽量提高温度。

12 问：番茄果实表面变褐色是怎么回事？

山东省　网友“打工者”

答：黄金宝　副研究员　北京市农林科学院植物保护环境保护研究所

从图片看，是番茄筋腐病，属于生理性病害。发生原因是土壤中氮肥过多，氮、磷、钾比例失调，土壤含水量高，施用未腐熟的人粪尿，光照不足，温度偏低，二氧化碳量不足，致使新陈代谢失常，维管束木质化而诱发筋腐病；植株结果期间低温、光照差，植株对养分吸收能力差，影响光合产物积累，易发生筋腐病；土壤板结，通透性差，妨碍根系吸收养分和水分，筋腐病重；番茄苗蹲苗太狠，再突然给大水，该病发生率很高。一般情况下，叶量大，生长势强的品种发病轻或不发病。

防治方法

（1）选用抗病品种，佳粉 1 号或 2 号、早丰、萨顿、粉迪等品种较抗病，可因地选用。

（2）合理施肥，施用充分腐熟的有机肥，配方追肥，重病地块减少氮肥用量。坐果后喷施复合微肥，每隔 15 天 1 次，连续喷 2~3 次；或在开花前喷绿芬威 3 号 800 倍液，坐果期再喷 2 次；或在坐果后叶面喷施 0.3% ~0.5% 磷酸二氢钾溶液。

（3）科学浇水，浇水次数不要过多，每次灌水量不宜过大，每穗果浇 1 次水即可；另外，蹲苗要适度。

13 问：番茄叶背面有针尖大小的黑点，用过可杀得和中生菌素没有效果，怎么办？

河北省　网友“邯郸　农业咨询”

答：黄金宝　副研究员　北京市农林科学院植物保护环境保护研究所

从图片看，叶片上有黑色霉层，但没有看到病斑。分析即使是病害，则是真菌病害的可能性大，用可杀得和中生菌素不对症，因此，基本无效。判断像是煤污病，可查看一下棚中蚜虫或粉虱是不是较多，如多，则是由虫害引起的煤污病可能性大。应当通过防治虫害，基本上就能控治住病害发展。

14 问：番茄是什么病，怎么防治？

辽宁省喀左县　闫先生

答：黄金宝　副研究员　北京市农林科学院植物保护环境保护研究所

从图片看，番茄像是发生了病毒病。

防治措施

在加强防治传毒昆虫蚜虫、粉虱的前提下，喷施防治病毒病的药剂，如菌克毒克、病毒A等。注意在农事操作中，先整理健康苗，再整理病苗，以尽量减少接触传播。

15 问：番茄早晨还挺好，到下午就蔫了，是什么问题？

北京市密云区　网友“雨露密云番茄种植”

答：李明远　研究员　北京市农林科学院植物保护环境保护研究所

番茄植株打蔫分几种情况：一是缺水引起，这种萎蔫发生时比较普遍，不会东一棵西一棵的；二是发生了根结线虫也会萎蔫，这种病株出现时往往不大均匀。拔下病株，较容易看到根部长瘤子；三是青枯病也会引起植株萎蔫，一般发生在酸性土壤中。不过北京市多是碱性土，仅在少数地区发生，而且随着气温的下降，发生的地方会更少。

从图片看，更像短时缺水造成的萎蔫，请根据具体情况分析判断。

16 问：番茄浇水后出现叶片从下往上发黄，是怎么回事？
山东省　网友“山东——励志”

答：李明远　研究员　北京市农林科学院植物保护环境保护研究所

一般情况下，叶片上的问题往往出在根和茎部。建议拔下发病中的植株，看看有没有根结线虫。另外，看看茎部有无中空的情况，如果有中空，可能是溃疡病或是髓部坏死病。如看了都没有问题，则可能是生理病害，暂时缺水；过一段时间，就会恢复正常。

17

问：番茄叶子有霉病，果实上有明显的病斑，是怎么回事？

北京市海淀区　网友“启程”

答：黄金宝　副研究员　北京市农林科学院植物保护环境保护研究所

从图片看，有些像细菌性的疮痂病。叶子上的霉病没有图片无法判断。一般情况下，大棚番茄只要温度适宜，植株就能正常生长，发生病害主要与湿度大或结露有关，近期由于温度低，雾霾天多，不敢放风，容易造成棚内湿度大，早晨露水重，病害容易发生流行。

应对措施

在棚室管理上，尽量提高温度的前提下，应当实行“变温管理”，勤放风。对于番茄疮痂病，可用可杀得、加瑞农等细菌性药剂防治，应尽量在晴天上午使用。

18 问：丰宁 10 月黄圣女果没到成熟就有很多裂口，是什么原因导致的?

北京市平谷区　尹先生

答：张宝海　研究员　北京市农林科学院蔬菜研究中心

是温差大、夜间温度过低，土壤水分过多引起裂果。

应对措施

提高夜间温度，停止浇水，白天放风降低湿度，可以适当减缓问题发生。10 月丰宁的气候已经不大适合番茄的生长了，在种植后期的时候要打顶，以免后边的果实成熟不了，留了也没有商品果。

19 问：番茄叶片颜色发紫，上部叶片有些发黄变白的斑，背面也有，是怎么回事?

北京市大兴区　网友“喂 ~~~ 小丽呀！”

答：陈春秀　推广研究员　北京市农林科学院蔬菜研究中心

从图片看，番茄叶片颜色不正常，是由于苗温度控制得太低了。底部的一片是生理性病害，肥害或药害造成的。上部叶片是叶霉病，是由于湿度大、温度比较低造成的。

建议

应当降低湿度，可以用药剂进行防治。

20 问：番茄总体都比较黄，是怎么回事？
网友　某先生

答：李明远　研究员　北京市农林科学院植物保护环境保护研究所

粗看起来，番茄缓苗不好，有可能幼苗根系受损，造成大缓苗，一些植株外叶发黄、枯死，部分植株已开始正常生长。从图片看，定植孔没有用土封上，在高温时会被膜下的热气将根颈部烫伤。因此，农户应当进行针对性处理，把所有的定植孔都封上，防止植株高温受损。

21 问：番茄为什么出现无头苗?

河北省秦皇岛市　网友“碧海蓝天”

答：张宝海　研究员　北京市农林科学院蔬菜研究中心

番茄出现无头苗，有些是品种的原因，有的杂交品种在繁种过程中受到不良环境条件的影响，造成性状不稳定，会出现无头现象。另外，当栽培过程中遇到不良的环境条件，如肥水管理不当、低温等也会出现无头苗。

22 问：番茄果皮粗糙，是怎么回事？

北京市顺义区　韩先生

答：李明远　研究员　北京市农林科学院植物保护环境保护研究所

从图片看，番茄果实应该是在表皮比较嫩的时候受到伤害，以后继续生长有时会出现这种情况。很多逆境都会引起这种情况，如冷害、药害等。果实除了果皮粗糙，商品果不好看以外，对果实内部没有什么损伤。

建议

在番茄幼果期加强管理，注意避免类似情况发生。

23 问：番茄 2~3 穗果落得特别多，是怎么回事?

北京市密云区　网友“北京草莓新生活”

答：李明远　研究员　北京市农林科学院植物保护环境保护研究所

应该是番茄植株产生了离层，促使果实脱落的结果。生产上有时植株营养生长过旺，或遇到冷害、营养缺乏等情况，引起植株的一种保护性反应。

24

问：番茄叶柄发黄，是怎么回事？

辽宁省　金先生

答：陈春秀　推广研究员　北京市农林科学院蔬菜研究中心

从图片看，问题不大。如果植株叶片正常，推测是果实成熟后，没有及时采收，挂果时间过长，造成萼片营养全面转移到果内，萼片衰老变黄，应该对果实没有影响。

25 问：番茄裂果是什么原因引起的?

山东省　蔬菜种植户

答：陈春秀　推广研究员　北京市农林科学院蔬菜研究中心

番茄裂果有以下几个方面原因。

（1）与品种有关，有品种皮比较薄。

（2）与成熟度有关，过于成熟，没有及时采摘。

（3）与水分管理有关，成熟时，浇水过大，土壤过干也会造成裂果，所以，在管理过程中一定注意水分的管理。

（4）日光温室或大棚内温度低。

图片中看裂果部位，可能是由于干旱造成的。如果是个别现象、不普遍，就不用担心；如果裂果很多，可从以上几点找找原因。

26 问：番茄烂的地方有臭味，发白，是怎么回事？
天津市　网友“徐”

答：陈春秀　推广研究员　北京市农林科学院蔬菜研究中心

从图片看，番茄果出现破损的地方好像是机械损伤（扎破、鸟啄破等），损伤后进入雨水，或湿度大导致细菌侵染，因此，会腐烂发臭。

27 问：番茄顶部烂了是什么病，怎么防治？

河北省辛集市　番茄种植户

答：李明远　研究员　北京市农林科学院植物保护环境保护研究所

从图片看，是番茄脐腐病。一般是因为缺水引起的，发病的直接原因是缺钙。因此，一方面要给番茄补水；另一方面给番茄补钙。

建议

补钙的方法是使用含钙较多的叶面肥喷2次，如喷绿芬威3号，含钙较多。

28

问：番茄秧苗上部变黄是什么病?

北京市大兴区　网友“笑看人生”

答：司亚平　研究员　北京市农林科学院蔬菜研究中心

如果整块地里这种情况发生的多可能是病毒病。

29 问：番茄栽苗 2 天，叶子有点卷，是怎么回事？

北京市密云区　网友“雨露密云番茄种植”

答：陈春秀　推广研究员　北京市农林科学院蔬菜研究中心

番茄苗定植后心叶的叶片发卷主要原因有：

（1）夏季温度高，定植后地温高，造成根系吸收能力下降，地上部表现心叶下垂，发卷。

（2）定植后，浇定植水的时间可能正处在一天温度高的时候，造成根部温度过高，氧气少，根系窒息，导致根腐、茎腐等病害的发生。

建议

选择在傍晚时定植；高温、强光时，可以进行适当遮阴，降低温度。

问：番茄叶干是怎么回事?
山东省　网友“山东种植番茄　咸女士”

答：黄金宝　副研究员　北京市农林科学院植物保护环境保护研究所

从图片看，番茄叶边缘干，不是病害，可能与高温有关。

31 问：番茄果发白，颜色不均是怎么回事?

山西省　网友“山西棚桃小张”

答：李明远　研究员　北京市农林科学院植物保护环境保护研究所

从图片看，番茄果面发白，有些是日烧病。

建议

要适当遮阳，减少日烧病发生。另外，果色有些不均，像是有病毒的为害。

32 问：小番茄脐部发黑，是怎么回事？

湖南省　网友“(湘)常德－澧水果蔬种植”

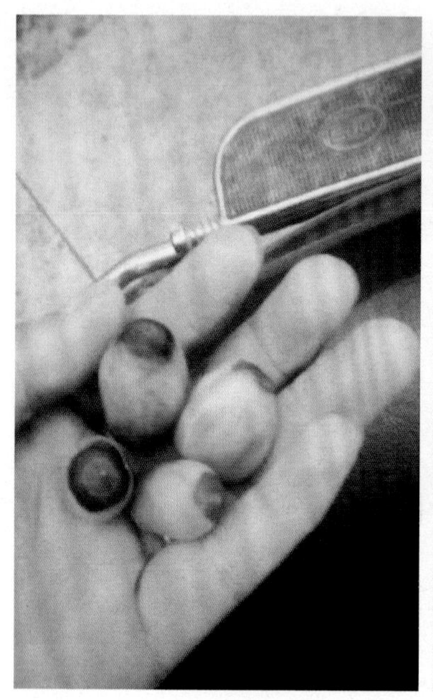

答：李明远　研究员　北京市农林科学院植物保护环境保护研究所

从图片看，是番茄脐腐病。

33 问：番茄是怎么回事？

黑龙江省　网友“黑龙江－天晴”

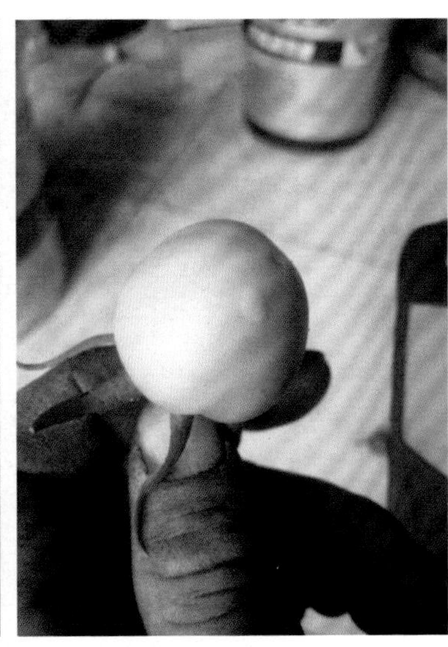

答：黄金宝　副研究员　北京市农林科学院植物保护环境保护研究所

从图片看，是蓟马为害所致。

应对措施

可用菜喜、艾绿士等杀虫剂防治。

问：怎样提高番茄的品质?

山东省　网友“苍穹”

答：陈春秀　推广研究员　北京市农林科学院蔬菜研究中心

提高番茄品质的措施如下。

（1）选高品质的品种。

（2）底肥施入足够的优质有机肥。

（3）及时疏果，每一穗果只留 4 个；不要过早打底叶，果实转色时再打；每一穗果追 1 次肥，注重钾肥的施用；转色期水分不要过大，控制水分是提高品质的重要措施之一。

35 问：番茄茎和叶变褐，是什么病，怎么防治？

云南省　网友“恋上朝天椒～贵州镇远”

答：李明远　研究员　北京市农林科学院植物保护环境保护研究所

先确认有没有白色的霉层，如果有白色霉层，应当是晚疫病；如果没有霉层，而有脓状物，有可能是细菌性病害。

防治方法

如果是晚疫病，则发展很快，应当使用抑快净、克露等药剂；如果是细菌性病害，可使用链霉素或铜制剂防治。

问：番茄上有白点，是什么病，怎么防治？
山西省　网友“山西棚桃小张”

答：李明远　研究员　北京市农林科学院植物保护环境保护研究所

从图片看，是蓟马为害的。

防治措施

防治蓟马可用的药剂较多，一般使用阿维菌素、吡虫啉、啶虫脒、阿克泰等都有效，而最为有效的应当是乙基多杀菌素。但如果反复总用某一种农药就会让蓟马产生抗药性，效果不佳，需要同时使用 2 种农药，并不断地更换用药的品种。

37 问：根瘤病怎么防治?

辽宁省　网友“大连番茄”

答：黄金宝　副研究员　北京市农林科学院植物保护环境保护研究所

根瘤病一般是由根结线虫引起的，但从照片看，根瘤病并不重。

防治措施

夏天高温闷棚和冬季冻垡对线虫有一定的效果，但工作一定要精细。也可用药剂防治线虫，可用密达（噻唑膦）或阿维菌素等农药，颗粒剂与土壤混匀或穴施，液体剂型可在定植后灌根。

38 问：棚内晚上气温零度，风口处辣椒苗不少死掉了，是冻死的吗?
浙江省　网友“阿龙”

答：黄金宝　副研究员　北京市农林科学院植物保护环境保护研究所

从图片上看，应该是由于低温造成的冷害到冻害。

应对措施

应尽量提高温度，晚上将风口闭严，再用草帘、棉被或其他物品将风口压实。

39 问：育的辣椒苗叶片发黄，死苗，是怎么回事？

浙江省　网友“阿龙”

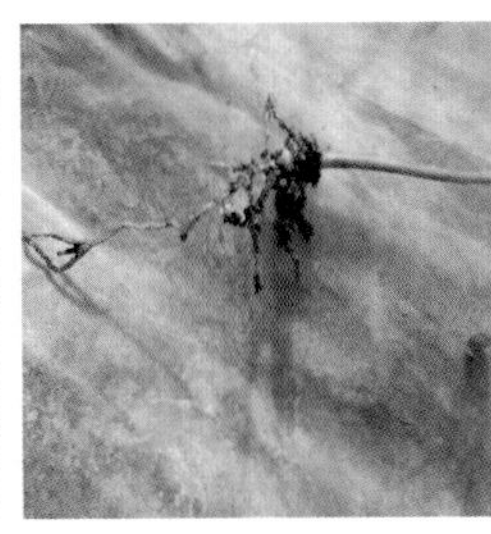

答：陈春秀　推广研究员　北京市农林科学院蔬菜研究中心

从图片看，辣椒苗发生了茎腐病，是因为温度低、湿度大的原因造成的。

应对措施

首先应控制每一次浇水的量，不要浇得过大；其次，提高棚室温度，保持最低温度不要低于 15℃。

问：辣椒是什么病，怎么防治？

河北省　网友“鲜量农场”

答：李明远　研究员　北京市农林科学院植物保护环境保护研究所

从图片看，不大像传染病，应该是生理性问题。在极端的条件下，如骤然的温度变化、药害肥害后，未及时浇水，都会出现这种情况。当条件转好后，即不再发展。

41

问：圆椒叶脉黄化，呈花叶症状，是怎么回事?

山东省　网友“打工者”

答：黄金宝　副研究员　北京市农林科学院植物保护环境保护研究所

从图片看，圆椒叶片的叶脉黄化，应该不是传染病，可能是由于缺镁造成的。

建议

如果是个别发生，可以不用理它；如果很普遍，可喷施一些含镁多的叶面肥或进行追肥。

问：辣椒脐部发生腐烂斑，是怎么回事?

陕西省榆林市　金柳种植基地　王先生

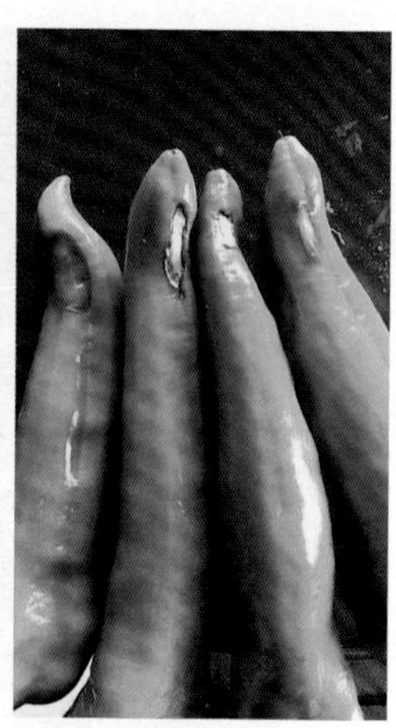

答：张宝海　研究员　北京市农林科学院蔬菜研究中心

应该是发生了生理性病害辣椒脐腐病。发生的主要原因是土壤盐基含量低，酸化，尤其是沙性较大的土壤供钙不足。另外，在盐渍化土壤上，虽然土壤含钙量较多，但因土壤可溶性盐类浓度高，根系对钙的吸收受阻，也会引起缺钙。还有，施用铵态氮肥或钾肥过多时也会阻碍植株对钙的吸收。在生产上，土壤干旱、空气干燥、连续高温时易出现大量的脐腐果。

解决措施

因为结果前期容易发生该病，后面发生的情况较少。所以进入结果期后，每 7 天喷 1 次 0.1%~0.3% 的氯化钙或硝酸钙水溶液。管理上应当注意水分供给均匀，可减少发病。

43 问：辣椒叶片和果实上有大量的坏死斑，是什么病，还有救吗?

广西南宁市　辣椒种植户　某先生

答：李明远　研究员　北京市农林科学院植物保护环境保护研究所

从图片看，是发生了辣椒炭疽病。

防治方法

可用的农药有咪酰胺、世高（苯醚甲环唑）等。如果当地不是长期下雨，用上述药剂每隔 7~10 天喷 1 次，连喷 2~3 次，应该还有救。

44

问：辣椒叶片发黄是怎么回事？
山东省寿光市　辣椒种植户

答：陈春秀　推广研究员　北京市农林科学院蔬菜研究中心
从图片看，像是生理障碍。
主要原因如下。
（1）冬季温度低，光照弱造成嫩叶发黄。
（2）水分过大，地温低造成。
（3）营养缺乏，缺素症等。

建议

（1）提高温室内温度，有条件可以补光。

（2）科学浇水，冬季地温低，一定要根据土壤墒情进行灌溉，最好采取水肥一体化技术，避免大水漫灌。

（3）采用耐低温的品种。

（4）适当补充叶面肥。

45 问：暖棚的辣椒表皮粗糙，是怎么回事？

河北省　网友“鲜量农场”

答：陈春秀　推广研究员　北京市农林科学院蔬菜研究中心

从图片看，青椒是被茶黄螨为害了。

防治方法

可用哒螨灵、溴螨酯、阿维菌素、唑螨酯等药剂，每 7 天喷 1 次，连续喷 3 次。

46

问：种的尖椒没有种子，是怎么回事？
山东省　网友"山东　寿光 辣椒"

答：陈春秀　推广研究员　北京市农林科学院蔬菜研究中心

辣椒是属于自花授粉的作物，一般情况下是有种子的。没有种子可能有以下原因。

（1）开花授粉时温度、湿度条件不能满足花粉成熟，造成授粉不良，造成没有种子。

（2）种植户在种植过程中，有用激素喷花，这样也会造成没有种子。

47 问：辣椒、彩椒的黄化条斑病如何防治？

北京市　某先生

答：李明远　研究员　北京市农林科学院植物保护环境保护研究所

需要搞清楚引起黄化条斑病的毒原，如果确实是由番茄斑萎病毒所致，可按此病来治。

防治方法

（1）铲除带毒植物，目前报道在国内的番茄、辣椒、莴笋类蔬菜、大丽花、菊花上曾有发生。如当地有此病，应尽早将带毒的植物消灭，避免扩大蔓延。

（2）从育苗开始，严防传毒媒介昆虫蓟马。

（3）试用抗病毒制剂减缓受害。如 7.5% 克毒灵水剂 600~800 倍液或 5% 菌毒清水剂 400 倍液、3.95% 病毒必克可湿性粉剂 700 倍液、10% 宝力丰病毒立灭，每支对水 10~15 千克、83 增抗剂 100 倍液等，可减轻受害。

48 问：茄子开裂，是怎么回事?

北京市延庆区　网友“沈家营　鲁”

答：司亚平　研究员　北京市农林科学院蔬菜研究中心

从图片看，可能是茶黄螨为害或者是雨水大的原因。

49 问：茄子下部叶片干枯，是怎么回事？

河北省　网友“鲜量生态农场”

答：张宝海　研究员　北京市农林科学院蔬菜研究中心

从图片看，好像是太阳烤伤。大棚茄子如果定植晚，在天热时植株小，不能对地面有一定的遮阴，黑地膜又吸热，接近地面的地方温度就会高，就有烤苗的现象。此外，定植后膜孔也没有用土封严，热气从膜孔出来，也会造成影响。可以考虑在高温天气的中午时，覆盖遮阳网，降低高温的危害。

50

问：圆茄子开始是 2 片叶子上有绿色斑点，后发展到一个侧枝，是怎么回事？

北京市　网友“福气冲天”

答：黄金宝　副研究员　北京市农林科学院植物保护环境保护研究所

从图片上看，像是病毒病。病毒病可能是种子带毒，并由蚜虫和粉虱传播的。病毒病一旦发生没有治疗药剂。

预防措施

病毒病要对种子进行消毒，并加强蚜虫及白粉虱等传毒害虫的防治，同时，喷施一些预防病毒病的药剂（如菌克毒克、病毒 A 等）。另外，尽量不要在棚室吸烟。如果发病植株数量极少，建议拔掉为好。

51 问：日光温室圆茄子坐果很差是什么原因?

北京市延庆区　网友“福气冲天”

答：陈春秀　推广研究员　北京市农林科学院蔬菜研究中心

从图片看，冬季日光温室由于温度低、光照弱，是造成茄子坐果率低的主要原因。

预防措施

（1）要选择耐低温、弱光的品种。

（2）适当稀植，通风、透光性好，有利于促进结果。

（3）要及时整枝打杈，防止营养生长过旺。

（4）开花时，可以用果霉宁进行药物沾花，促进坐果。

52 问：茄子叶上和果实上有锈斑，是怎么回事？

河北省　网友“鲜量农场”

答：李明远　研究员　北京市农林科学院植物保护环境保护研究所

从图片看，像是茶黄螨为害所致。

茶黄螨是一种极小的螨虫，用肉眼很难看清虫体。生产上多半表现出症状后，才会引起注意。这种虫子只在植株幼嫩的地方为害，受害时，生产者往往不易发现。而出现为害状的地方，虫子多已转移，所以，较难诊断。

一旦确诊是这种虫子的为害，防治起来比较容易。在早期可喷洒几次杀螨剂，如阿维菌素、哒螨灵、虫螨腈、联苯肼酯等，后期即可得到控制。

（二）瓜类

问：黄瓜茎有白脓流出，是什么病，怎么防治？
黑龙江省　网友“黑龙江－天晴”

答：黄金宝　副研究员　北京市农林科学院植物保护环境保护研究所

看了发来的图片，并进行了电话沟通，判断是细菌性病害。

建议

需要用可杀得或抗生素类药剂进行防治，也可以用上述药剂调成糊状涂抹在病患处。

02

问：黄瓜幼苗20天前打过药，现在叶片皱缩不展，是什么原因造成的，怎么补救？

北京市　网友“鲜量农场”

答：黄金宝　副研究员　北京市农林科学院植物保护环境保护研究所

从图片的症状看，像是发生了药害。不知打的是什么药，如果是生长素类药剂，缓解较难或很慢。

建议

可通过提高温度、小水勤浇、轻施氮肥等方式缓解，尽量不要再打那些所谓的“灵”“绝”类农药。

03 问：黄瓜底部叶片上有黄斑是怎么回事?

河北省　网友“河北辛集张立佳”

答：李明远　研究员　北京市农林科学院植物保护环境保护研究所

这种情况多半是温度、湿度骤然变化引起的生理性病害。例如，骤然的高、低温的变化，使远离叶脉的部分叶组织受害，而不能恢复。从图片看，目前似乎不良的环境条件已经过去，可将病叶摘除，补充些营养即可。

这种情况今后如遇到类似的环境条件还会发生，特别是棚温过高时，突然放风更容易发生。因此，应当做好棚室温度、湿度的管理，使棚里的温度、湿度缓慢地变化，避免类似情况再度发生。

04 问：小苗嫩叶发黄是怎么了?

山东省烟台市　王先生

答：司亚平　研究员　北京市农林科学院蔬菜研究中心

从图片看，瓜苗问题不大，应是由于温度略低或营养不足造成的。

建议

提高室内温度，喷洒营养液，再长出来的叶子就正常了。

05 问：黄瓜叶片上有黄斑，是什么病，怎么防治？

辽宁省　网友“辽宁盘锦黄瓜种植”

答：李明远　研究员　北京市农林科学院植物保护环境保护研究所

从图片看，像是黄瓜棒孢叶斑病（又称黄瓜褐斑病），这种病害近几年在辽宁发生的较多，应当早防。使用的农药有咪酰胺、苯醚甲环唑（世高）等。

防治措施

（1）种子消毒。黄瓜与南瓜嫁接时，要注意砧木与接穗的种子都要不带菌。用55℃温水浸泡黄瓜、南瓜种子30分钟。

（2）发病田应与非瓜类作物进行2年以上轮作。彻底清除田间病残株，深翻土壤，以减少田间菌源。施足基肥，适时追肥，避免偏施氮肥，增施磷、钾肥，适量施用硼肥。防止黄瓜植株早衰，浇水后注意放风排湿，发病初期摘除病叶。

（3）药剂防治。发病初期及时用75%百菌清可湿性粉剂500倍液，或70%代森锰锌可湿性粉剂500倍液，或50%福美双可湿性粉剂加65%代森锌可湿性粉剂（1∶1）500倍液，或75%百菌清可湿性粉剂加70%多菌灵可湿性粉剂（1∶1）500倍液，或75%百菌清可湿性粉剂加50%速克灵可湿性粉剂（1∶1）1 000倍液等药剂喷雾，每7天1次，连续防治2~3次。

06 问：越冬大棚黄瓜中部叶片有黄点，下部叶片有黑点，是怎么回事?

辽宁省　网友“辽宁喀左闫杰男番茄黄瓜”

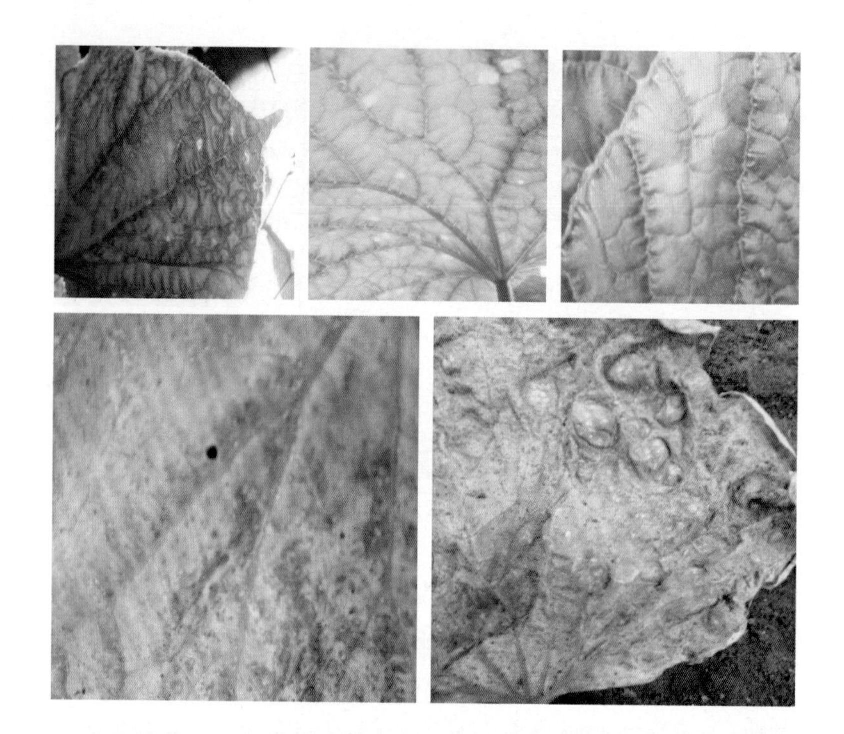

答：黄金宝　副研究员　北京市农林科学院植物保护环境保护研究所

从前3张图片看，黄瓜叶片上的黄点像是炭疽病，可用咪鲜胺、已唑醇等药剂进行防治。后2张图片是老化叶，其上黑点可能是腐生菌，将其打掉就行了。

07 问：黄瓜叶片耷拉着，正在浇水，应该不是缺水造成的，是怎么回事？

山东省　网友"山东蔬菜求学"

答：陈春秀　推广研究员　北京市农林科学院蔬菜研究中心

从图片上看，植株生长比较正常，分析可能是近期夜间温度比较低，造成叶部下垂。

建议

加强夜间保温，提高夜间温度，保持在15℃以上。

08 问：黄瓜叶子边一圈发黄是什么毛病？

黑龙江省　网友“冰冷外衣”

答：黄金宝　副研究员　北京市农林科学院植物保护环境保护研究所

从图片看，不是传染性病害，应该是生理性病害。该病害是由于黄瓜生长发育中环境不适造成的，如肥熏、风吹、高温或低温等。

建议

应加强水肥管理，促进瓜苗转壮，症状应该会慢慢好转或消失。

09 问：黄瓜霜霉病用什么药好?

辽宁省朝阳市　网友“朝阳喀左黄瓜”

答：陈春秀　推广研究员　北京市农林科学院蔬菜研究中心

防治黄瓜霜霉病的药剂有很多，常见的有：杜邦克露；70% 乙磷·锰锌 500 倍液，72.2% 普力克（霜霉威）水剂 800 倍液，50% 福美双（秋兰姆、赛欧散）可湿性粉剂 500 倍液，75% 百菌清（四氯间苯二腈、Daconil2787）可湿性粉剂 700 倍液，25% 甲霜灵（瑞毒霉、雷多米尔、灭霜灵、甲霜安、阿普隆）600 倍液，20% 苯霜灵乳油 300 倍液，25% 甲霜灵·锰锌（瑞毒霉·锰锌）600 倍液，50% 甲霜铜（瑞毒铜）可湿性粉剂 600~700 倍液，64% 杀毒矾（恶霜·锰锌，含恶霜灵 8%、代森锰锌 56%，为保护性内吸杀菌剂）可湿性粉剂 400 倍液，80% 万路生可湿性粉剂 800~1 000 倍液，50% 甲米多可湿性粉剂 1 500~2 000 倍液等。

问：黄瓜苗叶子发皱不长，心叶黄，是怎么回事?
辽宁省　网友“朝阳喀左黄瓜”

答：陈春秀　推广研究员　北京市农林科学院蔬菜研究中心

黄瓜苗是生理性病害，造成的原因有如下可能。

（1）定植后温度高，造成烤苗现象。

（2）肥料不腐熟，或施用氮肥时，气体挥发造成熏苗现象。问题不是很严重，等上部叶片长出后就会正常了，所以，不用担心。

问：黄瓜嫁接苗子叶正常，真叶发黄畸形，是什么问题?

湖南省常德市　网友“澧水果蔬种植”

答：李明远　研究员　北京市农林科学院植物保护环境保护研究所

嫁接苗不正常的原因，一般出在接穗和砧木的配合上。如果两者亲和力不好，接穗就有可能不正常。此外，环境对接穗成活也会有影响。如果温度比较低，伤口愈合得较慢，也会出问题。

建议

对嫁接苗进行提温管理，应该对苗子恢复有好处。

问：黄瓜秧叶片边缘皱缩，是怎么回事？
辽宁省盘锦市　黄瓜种植户

答：李明远　研究员　北京市农林科学院植物保护环境保护研究所

从图片看，这种情况是黄瓜叶子比较嫩的时候边缘受到了有害气体的伤害。包括肥料中散发出的有害气体（如氨气）、烟熏剂中的有害物质等。

建议

加强水肥管理，植株慢慢就会恢复过来。

13

问：黄瓜叶片上有黄斑，表现为集中在叶脉处，是什么问题？

湖北省　蔬菜种植户

答：李明远　研究员　北京市农林科学院植物保护环境保护研究所

建议看一下病叶的分布，如果病株比较一致，主要是下部叶片有这种毛病，有可能是锰中毒，一般会逐渐地自行缓解。

如果病叶分布得没有规律，而且是中上部病叶较多，有可能是一种细菌性病害，可用可杀得、噻菌酮、链霉素等对细菌有效的药剂防治。

14 问：黄瓜从顶部花发霉腐烂，是什么病，怎么防治？

山东省　网友"打工者"

答：李明远　研究员　北京市农林科学院植物保护环境保护研究所

图片没能拍清楚，应该是黄瓜菌核病或灰霉病，如果霉层在后期变灰，是灰霉病的可能性更大些。这2种病发生与防治的方法比较类似，包括如下内容。

（1）发生初将病花及时摘除，随即放在塑料袋中，集中销毁，并及时用药防治。

（2）经常做好田间及周边卫生，不随意丢弃病残株及病果。

（3）注意排风降湿，为减少夜间的结露，应注意温室夜间的保暖。

（4）定植时采用地膜栽培，地膜可减少棚室内的湿度，阻隔病源。辅以适当的控水，降低环境的湿度。

（5）药剂防治。防治的重点是果实顶部花的位置。可用的农药包括嘧霉胺、咯菌腈、啶酰菌胺等。腐霉利（即速克灵）在多数地区病菌已对其产生抗性，如发现效果不好时，应及时换药。

15 问：黄瓜叶片正面黄点凸起有脓状，没看到黑霉，是什么问题？

北京市大兴区　网友“蔬菜种植”

答：李明远　研究员　北京市农林科学院植物保护环境保护研究所

从图片看，发生这种情况有 3 种可能。

一是没有发生病害。在气候转冷时，温度差异又很大，夜间相对湿度较高，叶片结露的时间较长，使叶片局部形成水浸状的斑。这种斑早上较多，随着棚室里的湿度降低，会逐渐地退去，不需要用药防治。

二是发生了霜霉病。该病初期会有这样的表现，只是黑霉尚少，还看不出来。但过些时间就可以在叶背看到霉层。

三是发生了角斑病。这是一种细菌病害，病部只有水浸状多角形的斑。观察一下，如果这种水浸状斑，到中午数量变化不大，就可能是角斑病。后期，这种病在病斑上有时会出现溢脓，有别于以上的两种病害。

用户可根据上述描述，进行对照识别，针对性处理。

16 问：水果黄瓜上出现白点，起白皮，每年都有发生，是什么原因？

河北省　网友“鲜量农场”

答：李明远　研究员　北京市农林科学院植物保护环境保护研究所

小黄瓜的问题是蓟马为害造成的。

防治方法

注意倒茬前田园清洁；在大棚、温室内悬挂蓝板；在观察到蓟马大量发生时，使用吡虫啉、啶虫脒等药剂进行防治。

17 问：黄瓜扭子为啥都蜷着？
山东省　网友“筱雨”

答：陈春秀　推广研究员　北京市农林科学院蔬菜研究中心

从图片看，刚刚开花的黄瓜幼果就开始弯了，说明营养生长过旺。即前期水分过大，造成营养生长过旺，因而果条不直。

建议

对黄瓜进行控水管理，在根瓜采摘前、或采摘后再浇水。如果根瓜已经采摘，是中间的瓜出现这种现象，要在控制水分的同时，加大通风、透光力度，有效降低空气湿度，避免该问题的发生。

18 问：黄瓜叶子不平展，有一半以上这样的，怎么回事?
山东省　潍坊益源生物　某先生

答：李明远　研究员　北京市农林科学院植物保护环境保护研究所

从图片看，黄瓜心叶都会有些皱，不大像病毒病，更像是土壤肥力不好，造成长出的黄瓜叶片发黄不展，可以用些叶面肥并观察一段时间，应该会有所改善。

19

问：黄瓜上是什么病，是霜霉病还是细菌性角斑病?

山西省　网友“山西韩双，农业工作者”

答：李明远　研究员　北京市农林科学院植物保护环境保护研究所

从图片看，是霜霉病。

建议

尽快使用防治黄瓜霜霉病的药剂进行防治。

20

问：黄瓜苗是怎么回事?

北京市大兴区　网友“笑看人生”

答：陈春秀　推广研究员　北京市农林科学院蔬菜研究中心

从图片看，黄瓜苗不是病害，主要是由于夏季高温造成的生理性障碍。再长出的新叶就是正常的。

21 问：有没有生产这种带鲜花黄瓜的配方？

湖南省　网友“(湘)常德－澧”

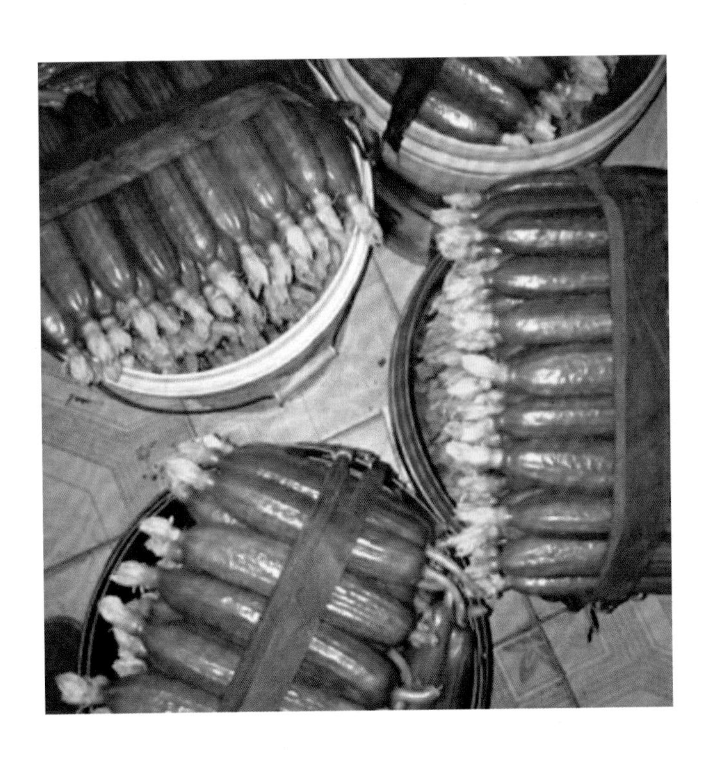

答：司亚平　研究员　北京市农林科学院蔬菜研究中心

生产带鲜花黄瓜，可使用吡效隆沾花，吡效隆是一种激素，按照说明使用即可。

22 问：黄瓜是什么病，怎么防治?

山东省　网友“山东蔬菜学生”

答：李明远　研究员　北京市农林科学院植物保护环境保护研究所

从图片看，叶背不产生黑霉，黄瓜是得了细菌性角斑病。

应对措施

可用可杀得 3 000 倍或链霉素等农药防治。如果长出黑霉，是霜霉病，可用克露、抑快净或银法利等农药防治。

23 问：黄瓜茎细怎么让它变粗？
辽宁省　网友“辽宁喀左番茄黄瓜”

答：张宝海　研究员　北京市农林科学院蔬菜研究中心

加强晚上通风、降低夜间温度、控制水分、少施氮肥、降低种植密度或使用控制旺长的植物生长调节剂。

24 问：个别甜瓜叶片有黄斑，叶背没有毛，是怎么回事？

陕西省　陕西榆林金柳种植基地　王先生

答：黄金宝　副研究员　北京市农林科学院植物保护环境保护研究所

从图片看，应该是发生了霜霉病，可能与棚室湿度大、结露有关。现在病叶不多，是中心病株。该病如条件适宜，叶背会长出黑毛，发病流行速度极快。

建议

管理上尽量降湿且减少结露，可用烯酰吗啉、吡唑醚菌酯、克露、普力克等药剂进行防治。一定要在晴天上午打药，然后进行提温闷棚，再放风。

25

问：甜瓜叶片黄边，叶面中部有干斑是怎么回事？补了钙和叶面肥，还打了防治黑心病的药。

山西省大同市　张先生

答：陈春秀　推广研究员　北京市农林科学院蔬菜研究中心

从图片看，甜瓜叶片边缘不但发黄，而且叶片边缘还干枯。造成的原因如下。

（1）补钙和喷施叶面肥造成肥害，使叶边缘变干枯。

（2）叶中部有干枯的斑，是药害造成的。

（3）栽培管理放风不当造成叶边缘失水或冷害造成干边。

建议

不要忽冷忽热，用肥用药要正确。

26 问：甜瓜叶片刚开始干边，慢慢就死了，根没问题，怎么回事?

河北省　网友“轩阳”

答：李明远　研究员　北京市农林科学院植物保护环境保护研究所

从图片看，像是甜瓜枯萎病。

枯萎病是导管病害，往往从子叶以上沿着茎的一侧发展，并引起该侧叶片的枯死，所以，根部往往不腐烂。如果将茎横切，看到里面的维管束变褐，就能确定是甜瓜枯萎病。

应对措施

可以用多菌灵灌根，但是效果有限。最好是用嫁接苗。

27 问：甜瓜黄边是怎么回事？

山东省　网友“烟台星星”

答：陈春秀　推广研究员　北京市农林科学院蔬菜研究中心

甜瓜叶片边缘发黄变干，有以下原因。

（1）温度过高时，突然间放风造成严重失水造成干边。

（2）施入的肥料不腐熟造成肥害。

（3）打药浓度高或打药后棚内温度升高造成的药害。

28

问：吊瓜藤蔓和叶片都正常，瓜出现了半边腐烂，是怎么回事?

陕西省　网友“瓜蒌种植”

答：李明远　研究员　北京市农林科学院植物保护环境保护研究所

从图片看，像是一种腐真菌引起的烂瓜病。和气候多雨有关，随着当地天气变凉，这种病情会逐渐减少。

29 问：大棚春季吊蔓西瓜密度怎么安排？留一条主蔓和一条子蔓，这2条蔓都要吊起来吗？

黑龙江　网友“黑龙江－天晴”

答：陈春秀　推广研究员　北京市农林科学院蔬菜研究中心

吊蔓西瓜的种植密度，一般情况下，双蔓整枝1亩（1亩≈667平方米。下同）栽2 500株左右；3蔓整枝1亩栽1 800~2 000株。

如果留一条主蔓和一条子蔓，这2条蔓都应当吊起来。

此外，吊蔓小西瓜有2种整枝方法，生产上可以作为参考。

（1）摘心整枝。2~3蔓整枝的，于4~5片真叶时摘心，子蔓抽生后保持2~3个生长相近的子蔓平行生长，摘除其余子蔓。

（2）留主蔓整枝。保留主蔓，同时，在基部留2个子蔓，摘除其余子蔓和孙蔓，最后保留连同主蔓共留3条蔓。也可以留一条主蔓一条子蔓，该法的优点是主蔓顶端优势始终保持，雌花出现早，能提前结果，早上市。也可单蔓整枝栽培，但要增加密度，每亩2 500株左右为宜。

30 问：西瓜苗嫁接活了，后来又死了，是什么原因？

黑龙江　网友“黑龙江－天晴”

答：张宝海　研究员　北京市农林科学院蔬菜研究中心

从图片分析来看，应当是由于管理不当造成的。

建议

西瓜苗嫁接后要逐渐增加见光时间，促进嫁接苗成活。西瓜是高温类作物，嫁接成活后温度不可降得太低，最低温度需保持在15℃以上。有条件的可使用地热线和小拱棚增加温度，放风时风口要小，外界的冷风不可直吹秧苗。

31 问：西瓜苗子带线虫，移栽 20 天了也不长，怎么办？

重庆市　网友“剑”

答：李明远　研究员　北京市农林科学院植物保护环境保护研究所

从图片看，是根结线虫所致。

建议

使用噻唑膦（又称福气多、伏线宝）进行灌根。具体做法为，每亩用噻唑膦 1~2 瓶（500 毫升 / 瓶）随水冲施或对水 1 000 倍穴施 300 毫升。

32

问：西瓜苗是什么病，怎么防治？

贵州省　网友“恋上朝天椒～贵州镇远”

答：李明远　研究员　北京市农林科学院植物保护环境保护研究所

从图片看，是高温、高湿引起的腐霉病。

防治措施

可使用防治霜霉病的药剂。如甲霜灵、克露、乙膦铝等农药防治。

33 问：有 50% 的西瓜植株裂茎，流红水，用哪种药治疗最好？

黑龙江　网友“天晴”

答：黄金宝　副研究员　北京市农林科学院植物保护环境保护研究所

西瓜裂茎流红水，可能是枯萎病、炭疽病、蔓枯病和嫁接不好等因素造成。

防治措施

使用咪鲜胺、苯醚甲环唑、氟硅唑或吡唑醚菌酯等药剂都不错，可使用其指导浓度的最高浓度，几种药剂轮换使用。

34

问：网纹甜瓜，腐烂、流水、有腥臭味，先叶柄烂，再到主蔓，是什么病?

山东省　网友“烟台星星”

答：李明远　研究员　北京市农林科学院植物保护环境保护研究所

如果上面有黑点，则应当是蔓枯病；如果没有黑点，有可能是炭疽病或者细菌性病害，具体确诊需要看一下病原菌。

35 问：南瓜叶上颜色发深部分，像是被揭掉一层皮，是什么病？

河北省　网友“农众物联技术员”

答：李明远　研究员　北京市农林科学院植物保护环境保护研究所

从图片看，像是骤然高温引起的伤害。这种情况多发生在阴天、雨天之后的暴晒，使叶片灼伤。

建议

夏天，保护地瓜类在遇阴雨天后，突然晴天，应当回苫，待太阳偏西再逐渐打开。

36 问：南瓜叶片上有白点，是什么病，怎么防治？

陕西省榆林市　芝麻香瓜种植　王先生

答：陈春秀　推广研究员　北京市农林科学院蔬菜研究中心

从图片看，是南瓜白粉病。

防治方法

可以用30%醚菌酯水剂，1 000~1 500倍液，或福星、世高等药剂防治。

37 问：西葫芦花脸是什么病，怎么防治？

北京市大兴区　网友“liuliu”

答：黄金宝　副研究员　北京市农林科学院植物保护环境保护研究所

从图片看，若不是品种特性，应该是病毒病。目前，病毒病没有治疗药，可在防治蚜虫和粉虱的基础上，喷施防治药剂如菌克毒克、病毒A等。

38 问：哈密瓜开裂严重，是怎么回事？

北京市　网友“雁西飞”

答：陈春秀　推广研究员　北京市农林科学院蔬菜研究中心

哈密瓜属于厚皮甜瓜，形成网纹时，一定注意水分的管理，水分过大，就会造成裂果现象的出现；空气湿度过低也会造成裂果的出现。

补救措施

补充水分要适量，土壤保持湿润即可，浇水不可过大过勤。温度控制在 28~32℃，不要过高。

39 问：水培的黄金瓜裂瓜的原因是什么？

浙江省　网友“丽水～西米露”

答：张宝海　研究员　北京市农林科学院蔬菜研究中心

黄金瓜裂瓜原因有甜瓜品种生长后期易裂，温差大而夜温偏低，或者水分过多。

建议

纯水培黄金瓜减少裂瓜，可以提高营养液浓度，提高夜间的温度，或者打掉一些叶片。

40

问：乐东区域种植哈密瓜，茎干中上部出现干枯状，果实有水渍状斑点，严重的有流脓现象，是什么原因导致的？如何进行防治？

海南省　网友“海南农民”

答：黄金宝　副研究员　北京市农林科学院植物保护环境保护研究所

从图片看，哈密瓜应该是发生了细菌性病害。

防治措施

可用可杀得、加瑞农等细菌性药剂防治。注意，应首先将病叶、病瓜等摘除到棚外，再将农药调成糊状，涂抹在病茎上，最后喷雾防治。尽量在晴天上午进行喷药，棚室管理实行“变温管理”。

41 问：甜瓜叶片有大小不等的斑点，是什么病，怎么防治？

北京市大兴区　网友“小峰哥”

答：黄金宝　副研究员　北京市农林科学院植物保护环境保护研究所

从图片看，应该是发生了炭疽病。

应对措施

可用苯醚甲环唑（世高）、戊唑醇、咪鲜胺等药剂进行防治。

42 问：西葫芦有大量没有授粉的花，怎么办？
北京市延庆区 网友“福气冲天”

答：司亚平 研究员 北京市农林科学院蔬菜研究中心

西葫芦非常容易因为雌雄花的花期对不上导致不能正常授粉，如果不是进行有机栽培，可进行人工授粉。

建议

可于每天9:00—10:00使用20~30毫克/千克的2,4-D涂抹花梗部或喷花，切忌多次喷药或多次涂抹，还要防止药液落在茎叶上产生药害。

43 问：西葫芦茬能种西甜瓜吗？

黑龙江省　网友“天晴”

答：张宝海　研究员　北京市农林科学院蔬菜研究中心

西甜瓜要求的光温条件比西葫芦高得多，结果期夜间温度要求18℃以上，因为温度的限制，北方一般温室冬季生产不了西甜瓜。确实想种可以种春茬，应当早定植、早收获。

（三）豆类、叶菜及其他

问：豆角秧旺长、结荚少，要怎么调控?
河北省　网友“唐山滦县西瓜（吊瓜）、番茄，与众不同”

答：张宝海　研究员　北京市农林科学院蔬菜研究中心

架豆不同品种植株长势差异很大，保护地栽培时更明显，选择早熟品种或者育苗移栽都可以减少旺长跑秧现象的发生。如果种的是晚熟品种，就要在苗期对温度、水分加以控制，防止贪青旺长，促进结荚。

建议

管理上白天要加强放风，减少空气湿度、土壤湿度。夜间降低温度、湿度，都有利于植株由营养生长到生殖生长的转变。但也要注意，不要控制过度。结荚以后，水肥齐促就没有问题了。

02

问：豆角有 20% 长 3 个粒，是什么原因?

山东省　网友“潍坊－老海大棚蔬菜”

答：张宝海　研究员　北京市农林科学院蔬菜研究中心

早期结的豆荚，可能会因为营养不足、花发育不良，受粉受精不良而造成荚小的现象，如果条件合适，上部的豆荚应该会恢复正常生长。

03

问：大棚芸豆长到 1 米以上了，杂草较多。是什么草？需打什么除草剂？

山东省　网友“潍坊 – 老海大棚蔬菜”

答：黄金宝　副研究员　北京市农林科学院植物保护环境保护研究所

从图片看，这种杂草应该是灰灰菜。

应对措施

在大棚和温室中除草，尽量不要打除草剂。即使用除草剂，也应在苗前或收获后，或者使用选择性除草剂。目前棚里芸豆已长到 1 米多高了，不便于喷洒除草剂操作。杂草相对较小，因此，建议人工除草，可将其连根一起拔除。

04 问：冷棚芸豆长太快怎么处理?

山东省　网友"潍坊 – 老海大棚蔬菜"

答：陈春秀　推广研究员　北京市农林科学院蔬菜研究中心

豆角生长适宜温度白天在 20~32℃，夜间温度应保持在 15℃左右。

建议

可以适当控制温度，降低湿度，减少浇水，这样能有效控制其生长。豆角植株一般前期长势都比较弱，到开花期时，要控制水分，长势就会茁壮了。

05 问：豆角根部中空，根发红，叶片发黄，是怎么回事？

山东省　网友“栖霞…福源蔬菜”

答：李明远　研究员　北京市农林科学院植物保护环境保护研究所

从图片看，像是豇豆炭疽病。

防治措施

可用苯醚甲环唑喷根茎部。

06 问：莴笋茎心部变褐色是什么原因引起的？

云南省　网友“云南～王九明   有机蔬菜栽培”

答：陈春秀　推广研究员　北京市农林科学院蔬菜研究中心

图片只看到剖开茎的情况，不知道靠近地表的茎有没有裂口现象出现，或根部有没有裂口。如果有，那么产生的原因应该是后期缺水，或管理过程中，忽干忽湿造成茎基部、根部开裂，致使茎内部变褐色。

07 问：莴笋茎秆中空，是什么原因？

北京市怀柔区　张女士

答：司亚平　研究员　北京市农林科学院蔬菜研究中心

估计与茎部膨大期肥水管理不适，缺水缺肥有关；此外，根系发育不良，水肥供应不足；采收不及时等也容易造成中空。

08 问：莴笋茎下面长得挺粗，不往上长，到后期叶子干枯发黄，是什么问题？

北京市　网友“鲜量农场”

答：司亚平　研究员　北京市农林科学院蔬菜研究中心

应该是缺钙造成的生长发育不良。

应对措施

可在定植前施过磷酸钙做底肥，莲坐期浇1次肥水，茎膨大期加强肥水管理，忌大水漫灌，以防茎部开裂。

09

问：一种类似蜗牛的软体虫子在育苗棚里吃子叶，是什么虫子?

北京市大兴区　潘先生

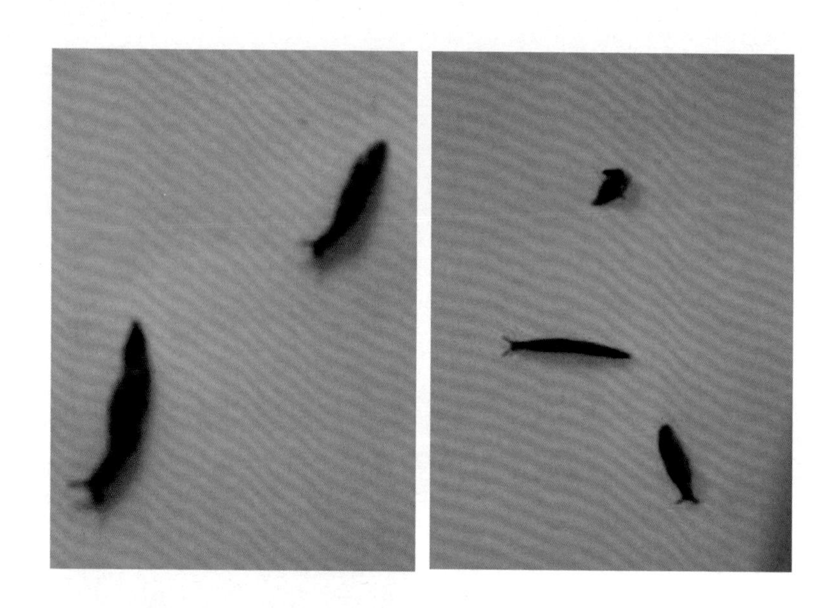

答：黄金宝　副研究员　北京市农林科学院植物保护环境保护研究所

从图片看，是蛞蝓，一种软体动物，主要为害植株幼嫩部分。

防治方法

可降低棚内湿度，地面撒施生石灰，或撒施四聚乙醛 6% 颗粒剂。

10 问：大蒜根部发红是什么病，怎么防治?

河南省　网友“墨”

答：黄金宝　副研究员　北京市农林科学院植物保护环境保护研究所

从图片看，可能是红根腐病。该病是一种真菌性土传病害，湿度大、温度较高时宜发病流传。

防治方法

（1）注意轮作。与其他蔬菜进行轮作有助于减少发病。

（2）药剂防治。发病初期进行药剂防治，可选用 40% 福星乳油 8 000 倍液，或 75% 百菌清可湿性粉剂 600 倍液，或 78% 科博可湿性粉剂 500~600 倍液，或 20% 三唑酮（粉锈宁）乳油 2 000 倍液等药剂喷雾，尽量使药液沿根流入。全田用药，隔 5~7 天 1 次，一般用 3 次。

11 问：土豆叶子上长些像菜花的白色突出物，是怎么回事?

山东省　网友“潍坊－老海大棚蔬菜”

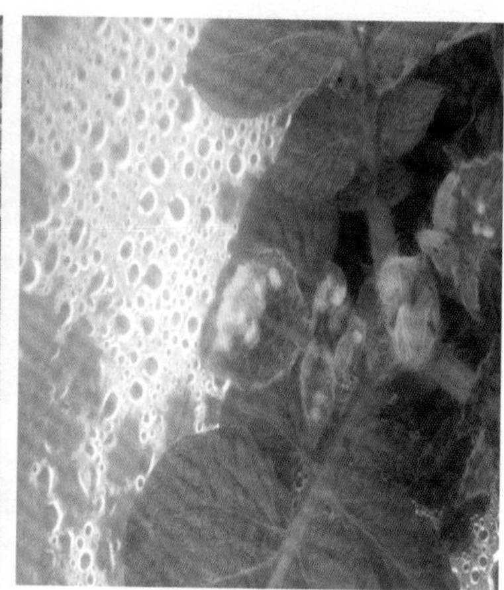

答：黄金宝　副研究员　北京市农林科学院植物保护环境保护研究所

图片显示不是很清楚，从基本轮廓看，可能是壁虱蚜为害所致。

应对措施

可以用防治蚜虫的药剂进行防治。

12 问：马铃薯可以嫁接番茄，是真的吗？怎样嫁接才易成功？

贵州省　网友“恋上朝天椒～贵州镇远”

答：司亚平　研究员　北京市农林科学院蔬菜研究中心

马铃薯嫁接番茄是真的，嫁接的意义是提高土地利用率，增加收获种类。您嫁接的幼苗比较弱，一个原因是砧木和接穗的亲和性不好；另一个原因是与嫁接时间也有关系，应在马铃薯的茎没有形成中空结构时进行嫁接，不然会影响养分和水分的输送，造成幼苗长势弱。

建议

砧木和接穗选择亲和性好的品种、掌握适宜的苗龄、嫁接后的环境条件是取得成功的关键。

13

问：萝卜叶上有很多虫洞，有的叶子发黄，是怎么回事？

湖北省　网友"粮农吕"

答：陈春秀　推广研究员　北京市农林科学院蔬菜研究中心

从图片看，萝卜的问题是因为前期害虫为害的结果。随着温度下降，虫害会逐渐减轻。

建议

前期要防治菜青虫、小菜蛾等食叶害虫。可以用性诱剂防治成虫，也可以使用菜喜、高效溴氰菊酯、阿维菌素等药剂喷施防治幼虫。

14 问：萝卜冬季要怎么储藏才不会糠呢?

河北省　网友“鲜量农场”

答：司亚平　研究员　北京市农林科学院蔬菜研究中心

可以采用在地下埋藏的方式。

储藏方法

在秋季萝卜收获后，选背风向阳、地势高燥的地方挖一个土坑，深度 1 米左右。向土坑四壁浇水适量，水渗下后，将去掉叶子的萝卜根朝上一个挨着一个紧凑地在坑里码放整齐。每码齐一层萝卜，要撒上一层 10 厘米左右厚的潮湿土壤。这样一层萝卜一层土，总共码 3~4 层，最后在最上部覆土。刚埋的萝卜上部的土层不能太厚，随着天气的逐渐变冷要不断地加土，根据气温情况决定覆土的厚度。这样埋藏的萝卜能储藏较长时间不糠不坏，可随吃随取。

15 问：大蒜只长蒜皮不长蒜瓣，俗称气蒜，怎么解决？

山东省 网友“水”

答：张宝海 研究员 北京市农林科学院蔬菜研究中心

大蒜长气蒜这种现象的发生，是因为后期水肥太多造成的。

建议

一般情况下，大蒜种植后期不能再施氮肥，应增施钾肥，浇水不要过大，这样才有利于蒜瓣的形成，减少气蒜。

16 问：大蒜怎样储存才不会烂和空壳?

四川省通江县　李先生

答：陈春秀　推广研究员　北京市农林科学院蔬菜研究中心

大蒜冬季储藏时的温度和蒜头本身的含水量对储藏质量非常重要，如果温度不当或蒜头含水量过高，大蒜就会出现腐烂和空壳。

一般情况下，大蒜采取低温贮藏。贮藏前应将蒜头晾干，如果未晾干，蒜头会因湿度过高而导致腐烂。大蒜一般应贮藏温度在 −0.6~0℃，空气相对湿度应保持在 65%~70%，通风、干燥的房子里，这种情况下可贮藏半年以上。大蒜经历一个低温休眠阶段后，在 5~18℃下会迅速发芽。市场上有能让大蒜不发芽的激光设备，但通过激光设备处理不发芽的大蒜，只能贮藏几个月。为了保存时间长，又不发芽，一般采取冷库长期在低温下保存，储藏期可达 2 年。

17 问：胡萝卜叶子发红是怎么回事？

广东省　网友"广东－香芋红薯，胡萝卜种植"

答：司亚平　研究员　北京市农林科学院蔬菜研究中心

从图片看，可能是缺磷造成的。

防治措施

可浇硫酸钾肥水，叶面喷磷酸二氢钾。

18 问：莴笋的茎部出现褐色病变，是什么病?

江苏省　网友“c”

答：黄金宝　副研究员　北京市农林科学院植物保护环境保护研究所

从图片看，可能是菌核病。

防治措施

（1）用药前，摘除病叶，尽量把发病叶片摘除干净。

（2）药剂可用速克灵、嘧霉胺、克得灵、凯泽等，应在晴天上午使用，喷完药后，关闭风口。待气温提高 6~8℃后再放风，应从小往大逐渐加大放风口，防止陡然放风过大闪苗。上述几种药可轮换使用，尽量不混用。5~7 天用药 1 次，共喷 2~3 次。此外，可将上述药剂调成糊状，涂抹在茎患处。

19 问：鹅吃了莴笋苗的尖，莴笋苗还能长吗?
河北省　张先生

答：张宝海　研究员　北京市农林科学院蔬菜研究中心

这种情况要看莴笋苗的受损程度。如果生长点还在，苗子就会继续生长；如果生长点不在了，会出腋芽，莴笋就长出分枝，但形不成商品笋。如果仅损失的是光合叶片，就比较容易恢复。损失越多的光合叶，生长的进程就会越缓慢，对商品笋形成的影响就越大。如果余下的生长期不够，则不能形成正常的笋。

20 农场每年7月、8月、9月种不出香菜，是什么问题？

江苏省　常州生态农场 孙先生

答：陈春秀　推广研究员　北京市农林科学院蔬菜研究中心

香菜是喜凉的蔬菜作物，每年的7月、8月、9月正处于夏季高温季节，没有经过低温处理种子，或播种之后没有采取降温措施，一般就会很难发芽出苗。

建议

如果在7月、8月、9月种香菜，种子应浸泡24小时后，放在10~15℃的温度下进行催芽。出芽后，再进行播种。播种后，如果没有降温条件，可以用遮阳网进行遮阴，每天喷1次水，保持土壤表面湿润，一直到出苗。这样到真叶2片时，再把遮阳网撤掉，可适当控制水分，香菜苗就会长得比较好了。

21 问：香菜生长不良，而且叶片边缘变枯，是怎么回事？
山东省济宁市　王先生

答：陈春秀　推广研究员　北京市农林科学院蔬菜研究中心

这是由于土壤板结和干旱造成的缺素症。可能由于前期积水，造成土壤板结，后期干旱、温度高造成苗子生长受阻。

建议

保持土壤湿润，补充氮肥，有条件的情况下可以补充叶面肥。

22 问：夏天的油麦菜，从移栽20天后就开始烧尖，是什么原因？

北京市通州区　梁先生

答：陈春秀　推广研究员　北京市农林科学院蔬菜研究中心

从图片看，照片显示油麦菜是缺钙的症状。

主要原因：现在正处于高温季节，气温、土壤温度都高，如果土壤忽干忽湿就易造成缺钙现象的出现。

建议

（1）保持土壤湿润。

（2）追施钾肥。

（3）补充叶面肥。

（4）增加钙肥施用。

23 问：芹菜黑根、烂心是怎么回事?

北京市通州区　网友“开心”

答：李明远　研究员　北京市农林科学院植物保护环境保护研究所

从图片看，像由缺钙引起的芹菜烂心，这种症状和天气有关。如芹菜苗期暴晒就容易发生这种病，应当根据天气选用遮阳网缓解这种情况。此外，采用补钙的方法，也有助于缓解病情。

建议

一般在发现病株后，叶面喷施0.5%的氯化钙加百万分之五的萘乙酸（先配萘乙酸用它当水去配氯化钙）。7天1次，2~3次后可以缓解此病。

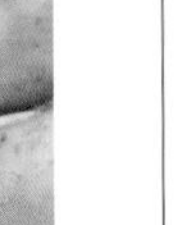

24 问：韭菜移栽 2 个月，长势非常弱，而且干叶多，是什么问题?

河南省　张先生

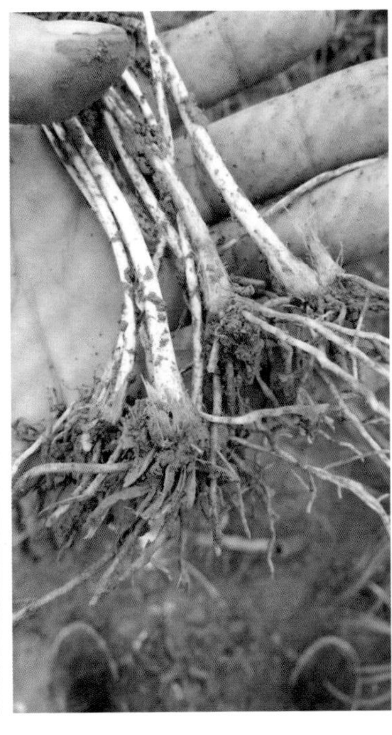

答：陈春秀　推广研究员　北京市农林科学院蔬菜研究中心

从图片看，韭菜的问题是发生了韭蛆，造成韭菜根部发育不良，总体生长势弱，可能是使用了未腐熟的肥料造成的。

建议

施用腐熟的有机肥，用辛硫磷等高效低毒杀虫剂处理土壤，防治地下害虫。

25 问：韭菜防治地下害虫后长势仍然很弱，是什么原因？怎样补救？

河南省　张先生

答：陈春秀　推广研究员　北京市农林科学院蔬菜研究中心

从图片看，用户种植韭菜的方法需要改进。

（1）土壤有些板结，应中耕松土。韭菜不适应板结、黏重的土壤，要定期松土，多施用腐熟优质的有机肥。

（2）采用的平畦栽培不利于韭菜生长，容易造成根部水分过大，引起根腐病发生，建议收获第一茬后，进行松土、追肥、培土等工作，有利于缓解根腐病的发生，长势会慢慢改善。

26 问：小茴香干尖是怎么回事？

山东省　网友“打工者”

答：李明远　研究员　北京市农林科学院植物保护环境保护研究所

茴香干尖存在生理病害和病理病害 2 种情况。

（1）生理病害的有冷害、冻害、肥害、药害等情况，需要种植者分析、验证。这类干尖致害的因素消失后，植株往往会逐渐恢复。生理病害造成的伤害，晚期会长黑霉，往往是腐生菌，可不用药。

（2）如果是病理的干尖，就需要用药剂进行防治。常见的病理干尖有灰霉病、菌核病。发病时往往在早期会伴生有霉层。如果病部出现的是白霉，应当是菌核病。如果出现的是灰霉，应当是灰霉病。先人工清除烂叶，再使用农药进行防治。

2 种病害使用的农药一样，即防治灰霉的杀菌剂都有效，如灭霉胺、咯菌腈、啶氧菌酯等，可酌情进行防治。

27 问：大头菜叶片是霜霉病，还是自然老化？

广西壮族自治区　网友“广西－南宁－西瓜”

答：陈春秀　推广研究员　北京市农林科学院蔬菜研究中心

从图片看，症状出现在底部的老叶上，上部叶片正常，应当是发生了霜霉病。

原因：前期也就是苗期，底部叶片离地面比较近，浇水后造成湿度大，使霜霉病发生。由于是露地生产，通风好，湿度降低比较快，霜霉病得到有效控制，没有造成大面积发生，因此，上部叶片都生长正常。

建议

用户不用过于担心，底部老叶已经老化，摘掉即可。

28 问：马铃薯花皮是什么病?

河北省　网友“河北－郝－马铃薯”

答：黄金宝　副研究员　北京市农林科学院植物保护环境保护研究所

从图片看，可见明显马铃薯疮痂病症状，即果皮花纹和烂果。

防治办法

（1）严格的检疫，不让病菌进来。

（2）种薯消毒。用 40% 的甲醛 120 倍液浸 4 分钟，再用水洗净做种。

（3）选用抗病的品种。

（4）实行 4 年以上的轮作。即种一年马铃薯，改种其他的（如谷子、玉米等）4 年。在产区就只能有 1/5 的土地种马铃薯。

（5）用细菌性药剂防治。

29

问：菠菜两边的长得好，中间的差，发黄小棵，是什么病?

北京市平谷区　尹先生

答：陈春秀　研究员　北京市农林科学院蔬菜研究中心

从图片看，不是病害。主要原因是边上通风、透光及水分条件要好些。而且内侧地势比外侧要低些，这样造成每次浇水内侧积水，导致根系氧气少，影响菠菜生长。

建议

将内侧苗间一间，适当松土，促进生长；内侧还要适当控制水分。

30

问：香菜种子出芽后，有一些不等长真叶就直接枯死了，是怎么回事?

黑龙江省　网友“rain”

答：陈春秀　推广研究员　北京市农林科学院蔬菜研究中心

从图片看，香菜出苗不整齐的原因是处在高温季节，种子可能经过低温处理。出苗后，苗比较弱，再加上高温，就会出现枯死现象。

因为香菜属较耐寒、喜冷凉而不耐炎热的蔬菜，种子在 4℃时开始发芽，以 15~18℃为最适宜。在夏季高温情况下不易发芽，且出苗也不整齐。

建议

以后在高温季节播种后要适当遮阴，降低温度，保持土壤湿润，合理密度，避免死苗现象的出现。

31 问：这是什么葫芦品种?
北京市延庆区　鲁女士

答：张宝海　研究员　北京市农林科学院蔬菜研究中心

从图片看，是一种观赏葫芦，鹤首葫芦。

32

问：图片是什么蔬菜?

湖北省　网友“湖北随县果之苑：千波”

答：陈春秀　研究员　北京市农林科学院蔬菜研究中心

从图片看，这是紫背天葵。

紫背天葵营养丰富，特别是富含铁、锰元素，可凉拌，以嫩梢和幼叶供食用，可清炒或做汤，口感柔软嫩滑，具特殊香味、脆嫩可口，是一种高营养保健蔬菜。栽培技术简单，可以直接扦插繁殖。

第二部分 果品

（一）苹果

问：苹果品种“瑞士红色之爱 119/06”在结果后期，不少果实表皮出现纹状，是怎么回事？

甘肃省　网友“王 -~ 现代苹果园”

答：鲁韧强　研究员　北京市林业果树科学研究院

从图片看，苹果表皮上的花纹是果皮细胞破损后产生的裂纹状愈伤组织。生产上苹果进入果实膨大后期，如果雨水较大，造成果实吸水膨胀剧烈，易引起裂果。裂果情况根据品种特性表现不一，例如，有在梗洼处裂纵口的，有在果肩处裂细小碎纹的等，这种网状大纹比较少见。

建议

“瑞士红色之爱 119/06”苹果品种本身存在这种裂纹问题，应注意果实膨大前期水分的均衡供应，在果实膨大后期适当控水，减少超级大果的生产，以克服出现果皮裂纹现象。

02 问：“红将军”苹果果面有疤痕，是什么原因造成的？

山东省栖霞市　网友“福源蔬菜”

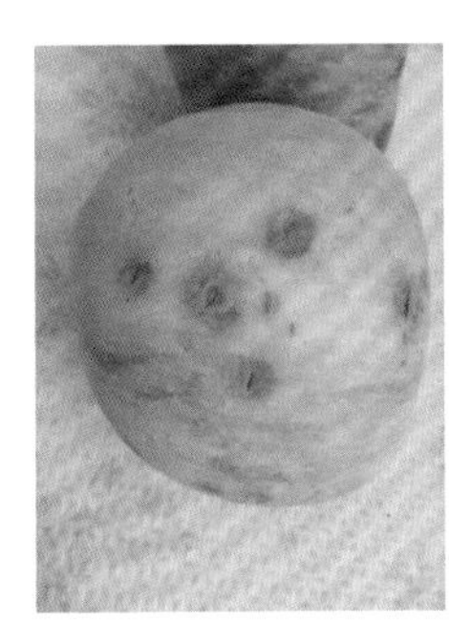

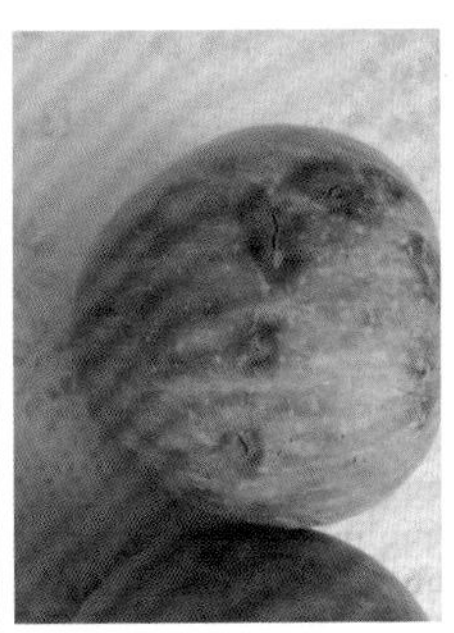

答：徐筠　高级农艺师　北京市农林科学院植物保护环境保护研究所

从图片看，是缺素症，应该是缺钙引起的生理性病害或苦痘病。

防治措施

（1）在每年8月20日前后，秋施有机肥时加施硫酸钙（石膏）100千克/亩，或钙镁磷肥或过磷酸钙30~40千克/亩。

（2）3月追施硝酸钙20~25千克/亩。

（3）叶面补钙。在苹果萌芽期、开花前、花期、幼果期、脱袋后分别喷布5~6次叶面喷氯化钙300倍液，或氨基酸钙300倍液。

（4）加强栽培管理，适时修剪，保证果园通风透光，做好保水、排水。

（5）苹果采收后入窖前，用300~400倍氨基酸钙溶液喷果或洗果。

03 问：苹果上有红点是什么病，怎么治疗？
山东省 网友“济南—阳光下的我们”

答：徐筠 高级农艺师 北京市农林科学院植物保护环境保护研究所

从图片看，这种症状可能是苹果斑点落叶病在果实上的表现。果实摘袋后果面出现小红点，并不是摘袋后才受病菌侵染，其实在幼果期已经侵染了，后期通过着色将病害的特征明显地表现了出来，显示出这些红点。

防治措施

（1）农业防治。及时中耕锄草，疏除过密枝条，增进通风透光。落叶后清洁果园，扫除落叶。

（2）药剂防治。重点保护春梢叶，根据春季降水情况，从落花后 10~15 天开始喷药，喷洒 3~5 次，每次间隔 15~20 天。秋梢生长初期的 6 月底至 7 月初喷 1 次。

效果较好的药剂有：1.5% 多抗霉素水剂 300 倍液，10% 多氧霉素 1 000~1 500 倍液，4% 农抗 120 果树专用型 600~800 倍液，以上 3 种药属生物药剂，对果树真菌性病害具有治疗效果，是发展绿色有机农业的首选绿色农药，而且多年使用病菌无抗性。

04 问：苹果树枯死20多棵，是怎么回事？

河北省 网友“cjq”

答：徐筠 高级农艺师 北京市农林科学院植物保护环境保护研究所

苹果树枯死可能有以下几个原因。

一是果园被水淹没根部24小时以上可致死，无可挽救。

二是发生了根朽病。在林迹地种植苹果树易感染此病。致病菌是担子菌，为害根颈部、主根、侧根，被害皮层形成多层薄片状扇形菌丝层，有蘑菇味，有时出现蜜黄色小蘑菇。菌丝在残存土中的根上生活，残存根与健根或伤口接触可侵染。

三是发生了紫纹羽病或白纹羽病。紫纹羽病由担子菌引起，白纹羽病子囊菌引起，2种病害最初侵染须根，向大根、主根蔓延，病程长，需数年地上部才有生长衰弱表现。在林迹地、使用锯末和未腐熟的粪肥种植苹果树易感染此病。

根朽病防治措施

①不在林迹地种植苹果树；②药液灌根：将病根切除或刮去病部，在树盘内挖6~8条放射状沟，沟深10~20厘米，视树体大

小每沟灌药液10~25千克。可选用的农药有20%粉锈宁2 000倍液；40%福星8 000倍液；10%世高5 000倍液；50%翠贝及阿米西达5 000倍液。

紫纹羽病或白纹羽病防治措施

①防治此2种病的关键是加强肥水，增施有机肥，增强树势；②不在林迹地种植苹果树，不使用锯末和未腐熟的粪肥改良土壤；③药液灌根，将死树连同根系刨除干净，对初病树药液灌根。每株树灌药液15~25千克。可选用的农药有20%粉锈宁2 000倍液；40%福星8 000倍液；10%世高5 000倍液；50%翠贝及阿米西达5 000倍液；40%腈菌唑8 000倍液等。

从图片看，果树显然不是水淹问题，应从发生了病害进行分析，可根据以上不同病害的症状及原因进行分析对照，对症下药。

05 问：苹果表面粗糙发黄，是什么问题？

北京市海淀区　陈女士

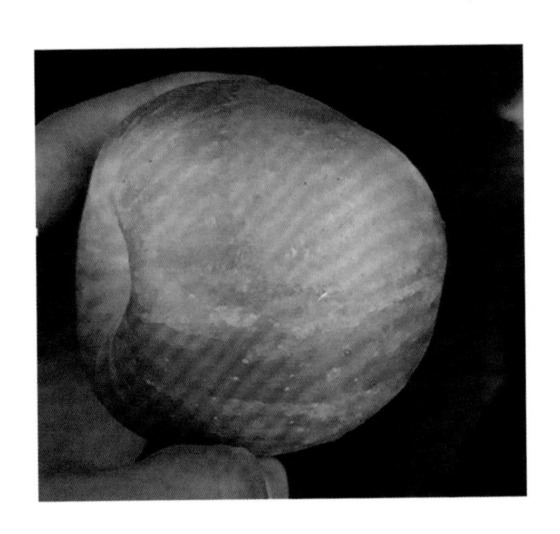

答：鲁韧强　研究员　北京市林业果树科学研究院

从照片看，果实发育正常。果实表面的发黄、粗糙的斑痕，应当是在果实膨大期遇较长时间水渍或药液刺激，使局部果皮细胞损伤而产生的连片愈伤组织，影响了果实的商品外观，其果肉应该不会有问题，可以放心食用。

06

问：套袋王林苹果上有黄褐斑，部分果实有开裂，摘袋后用过一次杀菌剂，是什么问题，怎么防治？

辽宁省　梁先生

答：徐筠　高级农艺师　北京市农林科学院植物保护环境保护研究所

从图片看，是缺钙引起的生理性病害或苦痘病。一般情况下，缺钙会造成果皮下组织死亡，形成斑块状木栓状组织，特别是果实萼端皮下组织更易发病。

防治措施

（1）叶面补钙。在花后4周内，喷2~3次氯化钙300倍液或各种螯合钙300倍液。在采前20天再补喷1~2次钙素。

（2）3月追施硝酸钙20~25千克/亩。

（3）在每年8月20日前后，秋施有机肥时加施硫酸钙（石膏）100千克/亩，或钙镁磷肥、或过磷酸钙30~40千克/亩。

（4）适当多留些果实，避免生产特级大型果，大果更易缺钙。

（5）苹果采收后入窖前，用300~400倍氨基酸钙溶液喷果或洗果。

此外，王林这个品种成熟期遇雨会影响果实品质或引起裂果，因此，要注意适时采摘。

07 问：苹果树生长中发生死亡，根上有个大瘤子，是什么问题?

网友 “某先生”

答：鲁韧强　研究员　北京市林业果树科学研究院

从图片上苹果根系状况看，苹果树得了根癌病，导致了植株的死亡。一般来说，根癌长在根茎和主根上，逐年扩展蔓延，当根茎或主根上长满根癌，皮层输导组织被堵塞，营养物质运输困难，导致树体死亡。

防治方法

苹果树定植时用k84菌剂泥浆蘸根；未处理的种苗定植后若发现根癌病，应及时刮除瘤体，同时，涂杀菌剂或k84菌剂进行防治。

08 问：国光苹果表面木栓化开裂，是怎么回事？

北京市密云区　网友“好人师哥”

答：徐筠　高级农艺师　北京市农林科学院植物保护环境保护研究所

从图片看，国光苹果发生了裂果。主要有以下几个方面的原因。

一是品种特性。国光属于易裂果品种，果皮展性差、果面蜡质层薄。果实成熟过程中因为果肉渗透压增加和果皮展性差，或者由于蜡质层厚度不足、果面有伤口等原因，就会发生裂果。

二是气候因素。果实采摘前大量降水或秋季严重干旱，也会引起国光裂果。发生期一般在9—10月，具体时间是在大雨后天晴1~2日内的早、晚。

三是栽培因素。采前灌水会加重裂果，不施有机肥的果园裂果

率高。

防治措施

（1）在裂果严重果区，少栽、不栽或改良易裂果品种。

（2）调整土肥水管理。在有排灌能力的果园，在果实生长期，要使土壤含水量保持在 18% ~20%，尽量避免土壤水分的急剧变化。在每年 8 月 20 日左右施有机肥，加适量磷、钾、钙肥，少施化肥。试验表明，不施有机肥的裂果率高达 33.7%。

（3）果实套袋。

（4）花后 15 天、30 天各喷 1 次状花保果防裂素。花后 55 天（着色前）喷 1 次防裂灵。8 月喷硼砂 1 500 倍液 2 次，间隔 15 天。

（5）果实生长期喷芸苔素“7305”或“481”，可增加果面蜡质层厚度。

（6）喷果面保护剂，如 500~800 倍的高脂膜、200 倍石蜡乳剂及巴姆兰等，可减少果皮微裂。

问：苹果树是什么病，怎么防治？

北京市　网友“雷力－严”

答：徐筠　高级农艺师　北京市农林科学院植物保护环境保护研究所

从图片看，是苹果锈病也称赤星病。

防治方法

（1）果园 5 000 米以内不能种植桧柏。

（2）果园周围有不能砍的桧柏，早春在桧柏上喷波美 2~3 度石硫合剂或者 100~160 倍波尔多液 1~2 次。

（3）在苹果树上，花前或花后喷 1 次 25% 粉锈宁 3 000~4 000 倍效果很好。

10 问：同一棵果树有的苹果花脸是怎么回事？

四川省　网友“逆流”

答：徐筠　高级农艺师　北京市农林科学院植物保护环境保护研究所

从图片看，应为花脸型苹果锈果病（苹果病毒病害），此病是由类菌质体引起的系统侵染性病害，是国内的主要检疫对象。

防治措施

（1）选用无毒接穗及砧木。用种子繁殖砧木，品种改良高接换优时严格禁用带毒接穗，对发病较重的地区应划为疫区，并限期淘汰病株。

（2）实行检疫制度。发现病苗拔除烧毁，新发现病树，应立即砍除，把病株连根刨掉，对病树较多的果区，划定为疫区，进行封锁。疫区不准建立繁殖材料园，也不准向外调运接穗，并对病株进行逐年淘汰或砍伐。

（3）新建果园应避免与梨树混栽，并应远离梨园，可有效地减轻病害的发生程度和流行速度。

问：苹果上的斑点是怎么回事？怎么治？
北京市延庆区　网友"延庆有机果园 _ 李"

答：徐筠　高级农艺师　北京市农林科学院植物保护环境保护研究所

从图片看，果实是苹果蝇粪病，叶子是苹果灰斑病。

苹果蝇粪病防治措施

苹果蝇粪病高温多雨季节病菌大量繁殖，对果面可以多次再侵染。

（1）苹果6—7月进入秋梢旺盛生长期，要进行2次夏季修剪，将徒长枝、背上枝和过密枝进行疏除，改善果园通风透光条件，降低田间湿度。

（2）化学防治。一般在防治苹果干腐烂果病、炭疽病、斑点落叶病等病害时既能兼治。若单纯防苹果蝇粪病6月喷一遍百菌清，在7月初、7月中、7月底喷3次1∶3∶200式波尔多液。

灰斑病防治措施

苹果灰斑病有的 5 月中、下旬开始发病，7—8 月为发病盛期。一般在秋季发病较多，高温、高湿、降水多而早的年份发病早且重。把春梢叶片病害作为防治重点。

（1）农业防治。及时中耕锄草，疏除过密枝条，加强通风透光。落叶后清洁果园，扫除落叶。

（2）药剂防治。重点保护春梢叶，秋梢叶片只需在生长初期控制，用药太多不可取。可选择的农药有：3% 多抗霉素水剂 300~500 倍液，10% 多氧霉素 1 000~1 500 倍液，4% 农抗 120 果树专用型 600~800 倍液，5% 扑海因可湿性粉剂 1 000 倍液。这些农药应以多抗霉素为主，其他药交替使用。第一次落花后立即喷药，第二次在 5 月中旬，第三次在秋梢生长初期的 6 月底或 7 月初。

（二）梨

问：鸭梨果点大，果型不好看，用什么办法可以改善？
河北省晋州市　孙先生

答：鲁韧强　研究员　北京市林业果树科学研究院

鸭梨果形与结果序位有关，低序位果矮胖且鸭头明显，高序位果则细高且没有鸭头。

应对措施

若人工授粉，则授第1~3朵花；若自然授粉，其授粉树开花应比鸭梨早1~2天，或同期较好。若授粉树花期晚于鸭梨，则只能使第3朵以后的花授粉坐果，果形必然不是典型鸭梨模样。

关于果点大的问题，只要花后2周套上袋，就一定能使果点变小颜色变浅，若花后1个多月后才套袋，果点已形成一定大小，套袋只能使果点颜色变浅而不能使果点变小。因为果点由气孔变成果点，约需40天。这期间保护得越早，果点受外界环境和药剂刺激越小，果点也越小。若不套袋，喷2次果用保护膜也有一定效果。

02 问：果园中的雪花梨树皮腐烂，干了以后掉皮露出树心，是怎么回事？

山东省　网友“寿光冬季葡萄”

答：鲁韧强　研究员　北京市林业果树科学研究院

从照片看，梨树是发生了梨树干腐病。腐烂掉皮是干腐病已经烂到木质部，皮层死亡失水脱落造成的。原因是栽培管理不到位，缺肥少水树势太弱。梨树极易得干腐病，尤其是“雪花梨”品种易感干腐病。

建议

像这种情况，不仅要加强全园的肥水管理，精细修剪，而且要对已经发病的树刮治病疤，涂抹杀菌剂进行治疗，以防该病继续扩散。

03 问：梨上是什么虫，怎么防治？
浙江省　网友“丽水～西米露”

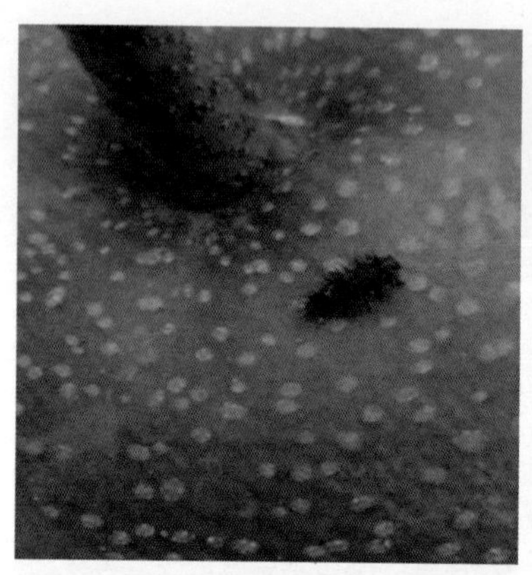
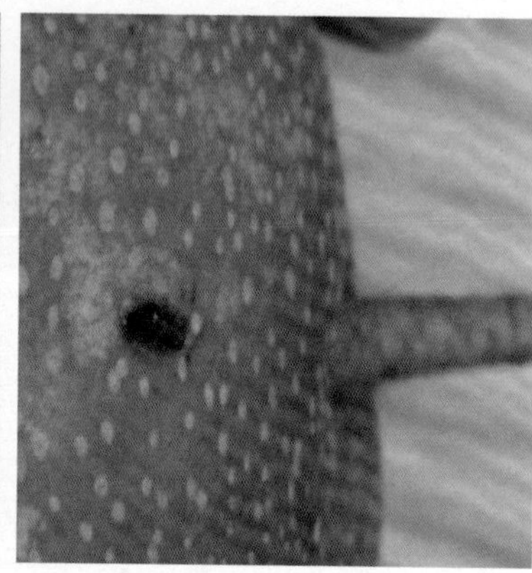

答：徐筠　高级农艺师　北京市农林科学院植物保护环境保护研究所

从图片看，梨上是瓢虫的幼虫，是天敌（益虫），在梨上一般捕食蚜虫、叶螨、梨木虱等害虫。

建议

瓢虫除为害马铃薯的 28 星瓢虫等少数害虫外，绝大多数是天敌，应加以保护。

04 问：梨树叶上有黑斑，是什么病，怎么防治？
浙江省　网友“丽水～西米露”

答：徐筠　高级农艺师　北京市农林科学院植物保护环境保护研究所

从图片看，可能是梨黑斑病。梨黑斑病是交链属真菌，是日韩梨、雪花梨上的一种常见病害。北方果区 5 月中、下旬开始发病，7—8 月为发病盛期。一般在秋季发病较多，高温、高湿、降水多而早的年份发病早且重。

应把春梢叶片病害作为防治重点。

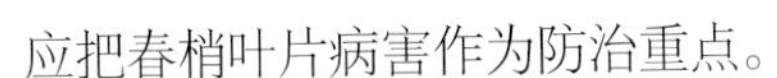

防治措施

（1）农业防治。及时中耕锄草，疏除过密枝条，增进通风透光。落叶后清洁果园，扫除落叶。

（2）药剂防治。重点保护春梢叶，秋梢叶片只需在生长初期控制，用药太多不可取。可选择的农药有 3% 多抗霉素水剂 300~500 倍液，10% 多氧霉素 1 000~1 500 倍液，4% 农抗 120 果树专用型 600~800 倍液，5% 扑海因可湿性粉剂 1 000 倍液。这些农药应以多抗霉素为主，其他药交替使用。第一次落花后立即喷药，第二次在 5 月中旬，第三次在秋梢生长初期的 6 月底或 7 月初。

（3）喷保护剂。6 月份晴天喷 1 : 3 : 240 式波尔多液两遍，间隔 15~20 天。7 月继续晴天喷保护剂 1 : 3 : 240 式波尔多液 1~2 遍，间隔 15~20 天。雨季可树上喷施 1~2 遍杀菌剂，以 1.5% 多抗霉素 300~500 倍为主，交替使用其他杀菌剂。

05 问：梨树是药害吗？打药时需要注意什么？

湖南省　网友"鹤金"

答：徐筠　高级农艺师　北京市农林科学院植物保护环境保护研究所

从图片看，梨是药害，可能是药的浓度过高、药剂混用不合理等原因造成的。

建议

打药时需要注意一定要调查病虫害的发生情况，再确定几种药是否需要配合一起打，能否一起打。一般混用可选择一种杀虫剂、一种杀菌剂、一种杀螨剂。2 种同样性质的药剂（如杀虫剂或杀菌剂）混用，可能会产生拮抗作用、药害等。

06

问：梨树大面积发生干叶情况，是什么原因?
湖南省　刘先生

答：鲁韧强　研究员　北京市林业果树科学研究院

从图片看，不是缺素症，而是日灼伤害。长期干旱、高温和强烈日照，造成向阳面叶片灼伤，特别是沙地果园更为严重。

建议

应适时灌水和实施行间生草，改善梨园小气候。

07 问：梨树叶子发黄有斑点，是什么病，怎么防治？

贵州省　刘先生

答：徐筠　高级农艺师　北京市农林科学院植物保护环境保护研究所

从图片看，为梨锈病（又名赤星病、羊胡子病等）。该病菌在桧柏病组织中越冬。春季3月间随风雨侵入梨树的嫩叶、新梢、幼果上。梨树展叶20天之内最易受侵染。

防治措施

（1）果园5 000米范围内不能种植桧柏等寄主植物。

（2）早春在果园周围不能砍的桧柏上喷波美2~3度石硫合剂或者100~160倍波尔多液1~2次。

（3）在梨树萌芽至展叶后25天内施药。25%三唑酮（粉锈宁）粉剂或乳剂3 000~4 000倍液效果很好。现在果实已受侵染，喷1次粉锈宁可以控制病情，但是不能解决病状了。

08 问：梨树叶片上有褐色斑点，是什么病，怎么防治？

浙江省　张先生

答：徐筠　高级农艺师　北京市农林科学院植物保护环境保护研究所

从图片看，可能为梨黑斑病。梨黑斑病是交链属真菌，是日韩梨、雪花梨上的一种常见病害，为害叶片和果实。北方果区 5 月中、下旬开始发病，7—8 月为发病盛期。一般秋季发病较重，高温、高湿、降雨多而早的年份发病早且重。

防治措施

把春梢叶片病害作为防治重点。

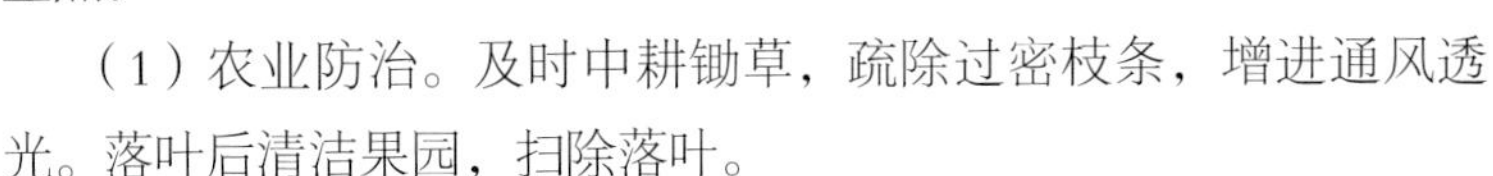

（1）农业防治。及时中耕锄草，疏除过密枝条，增进通风透光。落叶后清洁果园，扫除落叶。

（2）药剂防治。重点保护春梢叶，秋梢叶片只需在生长初期控制，用药太多不可取。可选择的农药有 3% 多抗霉素水剂 300~500 倍液，10% 多氧霉素 1 000~1 500 倍液，4% 农抗 120 果树专用型 600~800 倍液，5% 扑海因可湿性粉剂 1 000 倍液。

（3）喷药时期。这些农药应以多抗霉素为主，其他药交替使

用。第一次落花后立即喷药，第二次在 5 月中旬，第三次在秋梢生长初期的 6 月底或 7 月初。

（4）喷保护剂。6 月晴天喷 1∶3∶240 式波尔多液两遍，间隔 15~20 天。7 月继续晴天喷保护剂 1∶3∶240 式波尔多液 1~2 遍，间隔 15~20 天。雨季可树上喷施 1~2 遍杀菌剂，以 1.5% 多抗霉素 300~500 倍为主，交替使用其他杀菌剂。

（三）桃、李、杏、樱桃

01

问：连续阴雨后又阴天，发现不少杏果发褐并有裂口，是怎么回事?

四川省大英县　李先生

答：鲁韧强　研究员　北京市林业果树科学研究院

从图片看，推测是日灼伤害，使果皮组织栓化失去活力，因而表皮显褐色，当果实膨大时，果皮失去分裂能力造成裂果。

如果不是日灼伤，则可能是连阴雨造成某种病害损伤了果皮，同样造成果皮木栓化，与果实膨大不协调而产生了裂果。

02 问：桃树每年都会出现树干开裂，是怎么回事，如何处理？

北京市　网友“果园守护者”

答：鲁韧强　研究员　北京市林业果树科学研究院

桃树干开裂是日灼造成的，春季中午树干向阳面阳光直射温度升高，夜间温度下降快，致使树皮收缩幅度大，造成树干皮部裂纵口，严重时，连同木质部一同开裂。

处理方式

在早春和晚秋对桃树进行主干涂白，即可防止树干开裂。可以涂杜邦白漆，效果可持续 2 年。

03

问：樱桃叶子比正常的叶子要窄、发皱，是怎么回事?
北京市　网友“北京－水果种植”

答：鲁韧强　研究员　北京市林业果树科学研究院

从图片看，樱桃树叶片窄长发皱，不像缺素症，更像喷草干膦除草剂造成的药害症状。

04 问：晚收品种桃子的落果问题怎么解决？

安徽省　黄先生

答：鲁韧强　研究员　北京市林业果树科学研究院

晚熟桃落果有多种原因：一是果实缺硼易落果；二是离核品种的大果，离核严重果柄易脱落；三是果实梗洼深且果柄短的品种，长在粗果枝上的桃在果实膨大时易被顶掉。

解决方法

对易落果的品种注意补硼；离核品种少生产超大果；果实梗洼深、果柄短的品种注意留中短果枝结果。

05 问：相邻的桃树一棵绿一颗黄，是怎么回事？

山东省　网友“一凡”

答：鲁韧强　研究员　北京市林业果树科学研究院

从图片看，发生黄叶的桃树当年新梢生长正常，除了黄叶其他问题不明显。发生这一问题可能与当地后期雨涝有关，果园局部积水造成个体沤根，使该株桃树后期营养吸收较差，造成叶片营养失调而纵卷且发黄。

06 问：套袋晚桃出现了果皮受损和木栓化的情况，是怎么造成的，怎样预防?

北京市平谷区　张先生

答：鲁韧强　研究员　北京市林业果树科学研究院

从图片中套袋桃的果实看，创面具有方向性，应当与日灼伤害有关。一般来说，阴雨后猛然晴天，果皮局部受日光照射温度变化大，表皮细胞容易被灼伤而氧化变色。

预防措施

这种现象应是发生在向阳面且枝量少的部位，可针对情况进行遮阴，应当有所改善。

07 问：映霜红桃果皮有褐斑且不平整，是果锈吗？

山东省临朐县　谭先生

答：鲁韧强　研究员　北京市林业果树科学研究院

从照片桃的果面看，果面上的褐斑不是果锈，应当是日灼伤。桃的套袋栽培过程中，把握好解袋的时间和天气很重要，在晴天上午进行解袋易发生日灼伤，会使桃的商品性下降。

08 问：在极晚桃做字非常难，有什么好办法吗？
河北省保定市　张先生

答：鲁韧强　研究员　北京市林业果树科学研究院

晚熟桃成熟季夜间气温较低，因此，果面着色较为困难。若有条件使夜间温度保持在10℃以上，则有利于桃的着色和做字。

操作上，可在生长季先套不透光纸袋把果实捂白，摘袋后立即贴字，并加铺反光地膜，增加光照，促进着色。再者，可在后期叶面喷0.5%磷酸二氢钾加1%蔗糖溶液，有利于糖分运输和增加糖含量，促进花青素的形成，利于做字成功。

09

问：桃树 11 月冬剪早不早，如果剪早了对来年的花芽有没有影响？

北京市大兴区　张先生

答：鲁韧强　研究员　北京市林业果树科学研究院

桃树落叶后即可进行冬剪，早冬剪可以节约芽体继续分化消耗的营养。通过冬剪去掉一些生长不充实或老弱的枝条，不但节约了营养也减少了树体水分的蒸发，而且有利于修剪后留下枝花芽的发育和安全越冬。采取长枝修剪的方式，还能克服低温对花芽冻害对产量的影响问题。

10 问：屋顶种植大桃，肥力如何调控？在桃面贴字贴不住，怎么办？

河北省保定市　张先生

答：鲁韧强　研究员　北京市林业果树科学研究院

桃喜氮钾肥，对磷需要较少，底肥在保证有机肥的基础上，建议施一些生物菌肥。极晚熟桃可追2次肥，第一次一般在生长前期即6月底前追肥，以氮为主、辅以磷肥，促枝叶、根系生长及花芽分化。第二次生长中后期追肥以钾为主、辅以氮肥，以促进果实膨大及着色。全年施肥氮磷钾比例为1∶0.5∶1.2，微肥如铁、锌、锰、硼等，因需量极微，就以叶面喷肥的方式即可，微肥易产生药害，单元素浓度为0.3%，多元素总浓度在0.5%以内，可随喷药喷施。

桃果面有毛不易贴字，可试试先用胶带轻轻粘掉果面的毛，然后再贴字就应当好贴了。

11 问：桃树种子用什么浸种出芽快？

云南省 孔先生

答：鲁韧强 研究员 北京市林业果树科学研究院

桃树种子在北方主要采取冬季沙藏，翌春播种。经过充分吸水冷冻和营养物质转化，休眠后的果核极易开口和发芽。未经充分休眠的种子发芽困难，可用赤霉素100~300毫克/千克浓度浸种可打破休眠，促进发芽。

12 问：北京市大兴 10 月底移栽桃树，应该怎样管理？

北京市大兴区　某先生

答：鲁韧强　研究员　北京市林业果树科学研究院

桃树大苗移栽，北京地区一般在早春进行。若冬前已刨出再假植，就不如在当前栽植。

管理措施

栽后要充足灌水，封埯、覆地膜后对树体进行修剪并保护。修剪的剪锯口和剐蹭破的树皮要涂漆保护，防止树体冬春季失水过多造成抽条，主干或大伤口可缠裹塑料布条保护。

13 问：桃树根上长瘤子是根腐病吗？怎么防治？

河南省平顶山市　刘先生

答：徐筠　高级农艺师　北京市农林科学院植物保护环境保护研究所

从图片看，这不是根腐病，是桃树根癌病。

防治措施

（1）播种前种子处理。将抗根癌剂Ⅲ号生物农药菌剂加1~2倍水后调匀拌（浸）种，或直接用菌剂覆盖种子催芽。

（2）定植时，用抗根癌剂Ⅲ号加水1~2倍调成黏泥状蘸根，药液要超过根茎部5厘米。蘸根后尽快栽植，避免阳光。苗木假植或定植前沾根比例为1千克处理40~50株，此法的防效达95%以上。

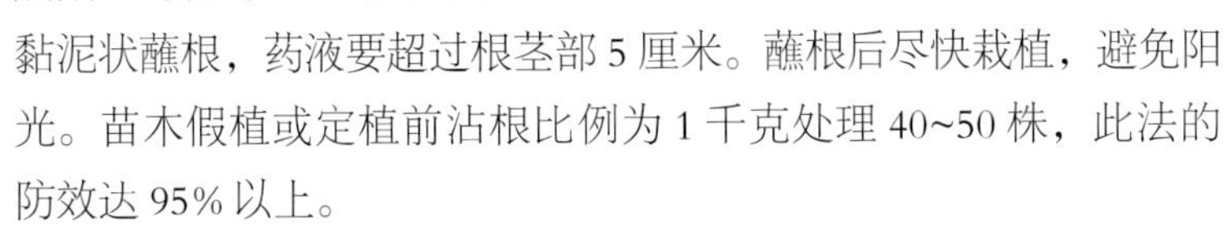

（3）对已患病幼树，将根部癌瘤剪掉，然后用抗根癌剂Ⅲ号加水1~2倍涂抹伤口，防效为47.1%，可见抗根癌剂预防效果好于治疗效果。

（4）重病和病死株，及时挖除烧毁。抗根癌剂Ⅲ号生物农药菌剂中国农大有售，产品为中农智道（北京）生物科技有限公司独家供应。

14 问：桃树是怎么回事？

浙江省　网友“丽水～西米露”

答：鲁韧强　研究员　北京市林业果树科学研究院

从图片看，桃树新叶发黄，叶脉绿色，是缺铁症。

15 问：如何预防桃树流胶?

湖北省　网友“懒农种植”

答：徐筠　高级农艺师　北京市农林科学院植物保护环境保护研究所

桃树流胶一般有4种情况：流胶病、蛀干害虫为害造成的伤口、冻伤、日灼伤（有方向性）。

防治措施

（1）防治枝干流胶病关键技术是培养壮树，加强栽培管理，做好防冻、防日灼、防虫蛀等，用药只是辅助手段。对流胶过多无保留价值的枝干进行疏剪，对少数胶点的枝干将病皮刮除后，涂百菌清50倍液或菌毒清10倍液，连续涂2~3遍，间隔20天，连涂两年。

（2）认真防治天牛、桃小蠹等蛀干害虫。

（3）防冻伤或改种抗寒品种。

（4）树干涂白防止树干冻伤、晚霜、抽条、日灼伤。

问：桃果是什么病，怎么防治？
湖北省　网友“懒人种植”

答：徐筠　高级农艺师　北京市农林科学院植物保护环境保护研究所

从图片看，烂桃一般是褐腐病，褐腐病菌腐生性强，很难从果面直接侵染，多从蝽象、梨小食心虫、桃蛀螟造成的伤口侵入。病害多在桃果近成熟期和成熟期发生，有些桃缝合线处易变软，病菌较易侵染。在树冠郁闭、湿度大的桃园或近成熟期降雨多的年份发生较多。

防治措施

（1）认真防治蝽象、梨小食心虫、桃蛀螟，尤其解袋以后重点防治梨小食心虫，每年桃树新梢期 4 月上旬和解袋时开始在果园内悬挂梨小食心虫性信息素诱捕器进行测报成虫高峰期，各诱芯之间相距 50 米以上，每日统计所诱成虫数。当蛾量突增时，即可喷药。防治梨小食心虫可选药剂：25% 灭幼脲 3 号悬浮剂 2 000~3 000 倍液 + 有机硅 3 000 倍液，Bt 乳剂 500 倍液 + 有机硅 3 000 倍液。

（2）加强栽培管理，及时夏剪，桃园要通风透光，及时排水，降低桃园湿度，结合冬剪，清除僵果、枯死枝条。

（3）褐腐病药剂防治。芽前喷 1 次 80% 成标干悬浮剂 500 倍液或 5 波美度石硫合剂。

桃果采收前 30 天和 15 天喷 2 次杀菌剂，可选择的药剂有 30% 特富灵 2 000 倍液 + 有机硅 3 000 倍液、24% 应得悬浮剂 2 500 倍液 + 有机硅 3 000 倍液、80% 大生 600 倍液 + 有机硅 3 000 倍液、50% 扑海因 1 000 倍液 + 有机硅 3 000 倍液、50% 农历灵干悬浮剂 1 000 倍液 + 有机硅 3 000 倍液。

17 问：桃树卷叶是怎么回事？

北京市　网友“北京－微生物菌肥－王”

答：徐筠　高级农艺师　北京市农林科学院植物保护环境保护研究所

从图片看，可能是桃瘤蚜为害所致。由于桃瘤蚜对桃梢、桃叶有极强的卷曲和抑制生长的能力，防治桃瘤蚜可采取人工剪虫梢和喷药相结合的方法。在防治上应控制桃树蚜虫4—6月的数量增殖，关键是花前、花后适时防治。

防治措施

（1）及时发现并人工剪除受害枝梢、叶并烧掉。

（2）春季卵孵化后，桃树开花前（最大花苞期）和卷叶前，及时喷洒药剂。选择喷洒10%吡虫啉可湿性粉剂3 000倍液＋有机硅表面活性剂3 000倍液；20%啶虫脒3 000倍液（高温效果好）＋有机硅表面活性剂3 000倍液；有机果园可选择0.36%苦参碱水剂1 000倍液＋有机硅表面活性剂3 000倍液；苏云金杆菌悬浮剂（BT杀虫剂）500倍液＋有机硅表面活性剂3 000倍液。

（3）落花后10~15天，交替选择喷洒以上药剂。注意吡虫啉对幼小桃果易造成落果，花前、桃果稍大些安全。

18 问：山桃叶子背面是什么虫子，怎么防治？

北京市怀柔区 网友“雷力 – 严”

答：徐筠 高级农艺师 北京市农林科学院植物保护环境保护研究所

从图片看，是桃小绿叶蝉，也称桃一点叶蝉、桃浮尘子。

防治措施

（1）清除桃园周围的落叶及杂草。

（2）成虫迁入果园前（2 月底），药剂喷洒桃园周围的常绿树。

（3）3 月越冬成虫迁入果园前、5 月、7 月第一、第二代若虫盛期喷药防治。可选药剂有：50% 抗蚜威超微可湿性粉剂 2 500~3 000 倍液 + 有机硅 3 000 倍液；25% 扑虱灵可湿性粉剂 1 000 倍液 + 有机硅 3 000 倍液。

19

问：桃是5月在广西壮族自治区的原始森林拍的图片，成熟时也是这个颜色，里面的肉是软糖一样的。这是什么品种，有开发价值吗?

广西壮族自治区　网友“云南正祖阳膳食纤维！阳荷！”

答：鲁韧强　研究员　北京市林业果树科学研究院

从图片看，通过果实和叶片判断，像是个蟠桃。

建议

果形和外观商品性都较差，生产种植价值不大。但可作为一种资源保存，如果有某些突出特性，可做育种的资源利用。

20 问：桃树叶片内卷是怎么回事？

北京市大兴区　网友“林”

答：鲁韧强　研究员　北京市林业果树科学研究院

从图片看，桃幼叶内卷主要是干旱引起的，由于雨后积水沤根，导致吸收水分困难，引起新梢幼叶内卷。

21 问：桃子是什么虫为害的？

上海市　网友“小王－大葱种植”

答：徐筠　高级农艺师　北京市农林科学院植物保护环境保护研究所

从图片看，可能是桃柱螟为害所致。

防治措施

（1）在桃园内外尽量减少种植向日葵、蓖麻等蜜源植物。

（2）药剂防治。每年 5 月上旬开始在果园内悬挂桃柱螟性信息素诱捕器，各诱芯之间相距 50 米以上，每日统计所诱成虫数。5 月下旬至 6 月上旬，当蛾量突增时，即可喷每 1 次药。6 月中下旬如蛾量仍较大，可再喷 1 次药。可选药剂：25% 灭幼脲 3 号悬浮剂 2 000~3 000 倍液＋有机硅 3 000 倍液，Bt 乳剂 500 倍液＋有机硅 3 000 倍液。

22

问：桃树的叶片为啥都下垂？

浙江省　网友“丽水～西米露”

答：鲁韧强　研究员　北京市林业果树科学研究院

从图片看，桃树受涝害，是由于土壤中水分饱和，使土壤孔隙中的空气逸出，桃树根系缺氧而致无氧呼吸，造成烂根甚至死树。

23 问：桃树叶子有斑点，是什么病，怎么防治？

广西壮族自治区　网友“小成”

答：徐筠　高级农艺师　北京市农林科学院植物保护环境保护研究所

从图片看，可能是桃细菌性穿孔病。

防治措施

（1）加强桃树的综合管理，重视增施有机肥（8 月下旬是施有机肥最佳时期），增强树势，对黏重土壤尤其要多施马粪或其他有机肥或施 GM 生物菌肥，配使硫酸钾复合肥，以利改善土壤。

（2）合理修剪，及时剪出病枝，虫枝，集中烧毁深埋，彻底消灭初侵染的病菌来源。

（3）控制浇水次数和浇水量，小水勤浇。

（4）喷药防治：桃细菌性穿孔病可选药剂有 75％农用硫酸链霉素 2 500 倍液 + 有机硅 3 000 倍液，硫酸链霉素 3 500 倍液 + 有机硅 3 000 倍液，新植霉素 3 500 倍液 + 有机硅 3 000 倍液。一般每隔 5 天喷 1 次，共喷 3 次。

24 问：桃树叶片发黄，有的叶片有红点，是什么病，怎么防治？

浙江省杭州市 桃树种植　张先生

答：徐筠　高级农艺师　北京市农林科学院植物保护环境保护研究所

从图片看，有2个问题：黄叶为桃树缺铁症，叶片的红褐色斑点是桃树褐斑病。

缺铁矫治方法

（1）秋施有机肥，果树缺铁不完全是因为土壤中铁含量不足。土壤结构不良也限制根系对铁的吸收利用，因此，在矫治缺铁时首先要增施有机肥来改良土壤，以提高土壤中铁的可利用性。

（2）在秋施基肥的同时，每株土壤直接施入硫酸亚铁 0.5 千克，掺入畜粪 20 千克，叶面喷施 0.3% 硫酸亚铁水溶液或螯合铁（柠檬酸铁）水溶液，每间隔半个月喷施 1 次，共喷施 3~4 次，效果较好。

桃树褐斑病防治措施

（1）清除病原。彻底清扫落叶和地面病残体深埋于施肥坑内。

（2）喷药保护。花后 7 天和 20 天及时喷 80% 大生可湿性粉剂 600 倍液或 75% 达科宁可湿性粉剂 800 倍液。

25 问：桃子里是什么虫子，怎么防治？

山东省　网友“潍坊 – 老海大棚蔬菜”

答：徐筠　高级农艺师　北京市农林科学院植物保护环境保护研究所

从图片看，桃里的虫子是梨小食心虫。梨小食心虫一年发生3~4代。前期主要蛀食桃、杏等果树新梢。后期蛀食桃、杏、李、梨、苹果等果实。这种蛀果害虫一旦蛀入果实难以杀死，必须将其消灭在蛀果之前。梨小食心虫越冬代发生整齐，是防治关键时期，药剂防治最好用梨小食心虫性诱捕器。

防治措施

（1）避免桃梨混栽。

（2）在桃园5—6月应每天人工剪除被害桃梢。

（3）套袋。

（4）发现桃枝被害或成虫发生期用梨小性诱剂诱杀成虫和测报。① 诱杀：每 50 株树挂 1 个诱捕器直接杀灭。② 测报：全园挂 3 个诱捕器。7 月以前将其挂在桃园，后期挂在梨园。利用昆虫性外激素诱芯进行测报，方法简单易行，灵敏度高。将市售橡胶头为载体的性诱芯，悬挂在直径约 20 厘米的水盆上方，诱芯距水面 2 厘米，盆内盛清水加少许洗衣粉。然后将水盆诱捕器挂在果园里，距地面 1.5 米高。自 4 月上旬起，每日或隔日记录盆中所诱雄蛾数量。一般蛾峰后 1~3 日，便是卵盛期的开始，马上安排喷药。在蛾（成虫）高峰期喷 25% 灭幼脲 1 500~2 000 倍液 2 遍或菊酯类杀虫剂。杀虫剂加农用有机硅渗透剂 3 000 倍液，防效更好。梨小诱芯在中国科学院动物所、各区县植保站、淘宝网有售。

26 问：桃子幼果有白色斑点，是什么病，怎么防治？
山东省　网友“烟台ミ果蔬ミ布衣秋恋”

答：徐筠　高级农艺师　北京市农林科学院植物保护环境保护研究所

从图片看，可能是桃树白粉病。

防治措施

（1）初冬季落叶后立即进行清园。

（2）加强夏季修剪，营造桃园通风透光环境。

（3）药剂防治：萌芽前可全树淋洗式喷施5波美度石硫合剂。在5月中旬前后，桃树白粉病刚出现时喷1次药有良好防治效果。可选择喷施的药剂有：20%粉锈宁1 500~2 000倍液；40%腈菌唑8 000~10 000倍液；40%福星8 000~10 000倍液；10%世高5 000倍液。

27 问：桃树叶片卷是怎么回事？

河北省　网友“强强，衡水，果树种植”

答：徐筠　高级农艺师　北京市农林科学院植物保护环境保护研究所

从图片看，是桃瘤蚜为害所致。由于桃瘤蚜对桃梢、桃叶有极强的卷曲和抑制生长的能力，防治桃瘤蚜可采取人工剪虫梢和喷药相结合的方法。在防治上应控制桃树蚜 4~6 月的数量增殖，关键是花前、花后适时防治。

防治措施

（1）及时发现并剪除受害枝梢烧掉。

（2）春季卵孵化后，桃树开花前（最大花苞期）和卷叶前，及时喷洒药剂。选择喷洒 10% 吡虫啉可湿性粉剂 3 000 倍液；20% 啶虫脒 3 000 倍液（高温效果好）；有机果园可选择 0.36% 苦参碱水剂 1 000 倍液；苏云金杆菌悬浮剂（BT 杀虫剂）500 倍液。

（3）落花后 10~15 天，交替选择喷洒以上药剂。注意吡虫啉对幼小桃果易造成落果，花前或桃果稍大些喷施较安全。在杀虫剂中加农用有机硅表面活性剂 3 000 倍液效果好。

28 问：雨后油桃开始腐烂，是什么病症，如何防治？

湖北省　网友“湖北随县果之苑”

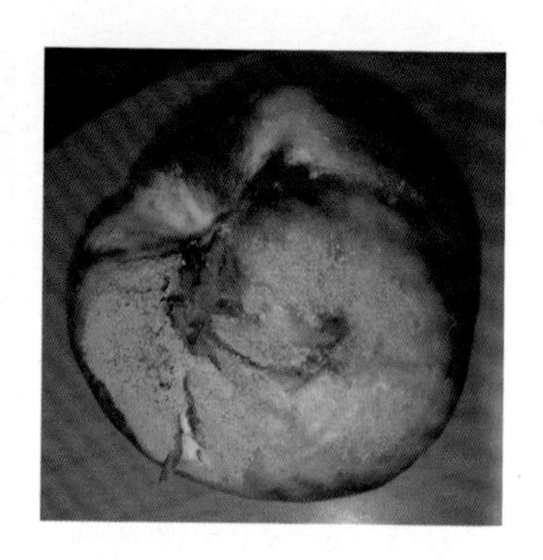

答：徐筠　高级农艺师　北京市农林科学院植物保护环境保护研究所

从图片看，是桃褐腐病，又称果腐病，华东、华中桃产区发生严重，北方雨季年份发病严重，可造成较大损失。从照片看烂果处有虫孔，不知是否被梨小食心虫所为害。

防治措施

（1）随时清除树上、地下的僵果、病果，结合冬剪将病枝剪除。

（2）搞好果园排水，做好夏剪、冬剪，改善果园通风透光条件。

（3）防治食心虫、蝽象、卷叶虫等造成伤口的害虫。

（4）桃树发芽前全树喷波美5度石硫合剂，铲除树体上的病菌。

（5）化学防治。华东、华中桃产区防治重点时期为花期和果实成熟期；北方果园只在春夏多雨年份和低洼潮湿历年病重桃园喷药。花前、花后各选择喷1次10%世高2 000倍液+1.5%多抗霉素500倍液、25%阿米西达3 000倍液、50%速克灵可湿性粉1 000倍液或75%百菌清800倍液。成熟期解袋后立即喷洒25%阿米西达1 000~1 500倍液。

29 问：桃果面出现小黑点，是什么病，怎么防治？

北京市 网友“阳光普照”

答：徐筠 高级农艺师 北京市农林科学院植物保护环境保护研究所

从图片看，可能是桃疮痂病。病菌通过菌丝在病枝梢上越冬，翌年春季5月产生传播体（孢子），经气流传至果实、枝叶上进行直接侵入。病菌侵入后，需经20~70天的潜伏期才表现症状。桃果实症状多在7—8月出现，多雨年份发生重。在防治方法上，以药剂防治为主。

防治措施

（1）农业防治。避免在低洼积水地段建园，栽植不要过密；适度修剪，防止果园郁密；冬季修剪时仔细剪除病枝；落花后3~4周及时套袋。

（2）药剂防治。从落花后幼果期首次喷药，每15天喷1次延续到采果前15天，可选药剂有75%达克宁800倍液、80%大生600倍液、70%甲基托布津1 000倍液、50%多菌灵500倍液。在5月下旬、6月下旬各喷1次药剂，可选药剂有10%世高5 000倍液、62.5%仙生600倍液。

30 问：桃上是什么虫子，怎么防治？

山东省　网友“山东杏花微雨”

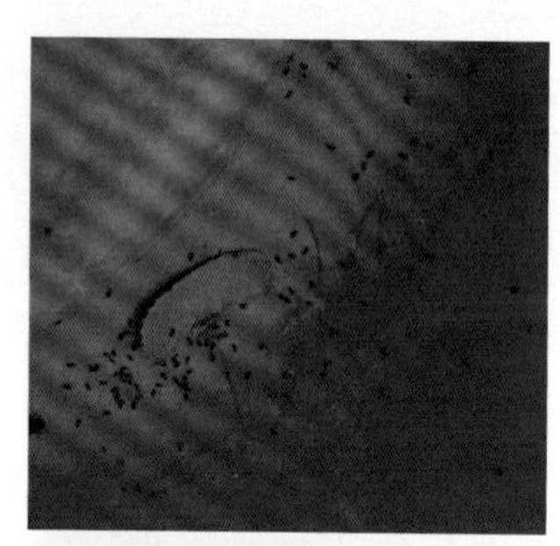

答：徐筠　高级农艺师　北京市农林科学院植物保护环境保护研究所

从图片看，可能是桃小蠹，主要为害桃、杏等核果类果树。成虫、幼虫蛀食枝干韧皮部和木质部，蛀道于其间，常造成枝干枯死或整株死亡。管理粗放、肥水条件差、树势弱以及果园周围种植有杨树、榆树等，桃小蠹发生重。

防治措施

（1）加强果园管理，增强树势，减轻为害。

（2）结合修剪彻底剪除有虫枝和衰弱枝，及时烧毁。设置半枯果树枝干作诱木招引成虫产卵，然后及时烧毁。

（3）4 月上旬果园悬挂糖醋液诱杀。

（4）成虫发生期药剂防治。① 果树生长前期在主干、大枝上涂 90% 敌百虫 800 倍液后包膜，10 天后解开。② 全树施药，尤其是主干、大枝都要喷到，间隔 10~15 天，连喷 2~3 次。③ 抓住越冬代成虫羽化期这一防治关键期。可选用 1.8% 阿维菌素乳油 4 000~5 000 倍液；2.5% 溴氰菊酯 2 500 倍液；4.5% 高效氯氰菊酯 2 000 倍液；25% 灭幼脲三号 1 500 倍液。以上药剂可加农用有机硅渗透剂 3 000 倍液，效果好。

31 问：锦绣黄桃被洪水淹了，该采取什么措施？

湖南省　网友“华绿家庭农场”

答：鲁韧强　研究员　北京市林业果树科学研究院

桃树生长量大，根系呼吸量也大，最怕水涝。水涝使根系不能呼吸，在无氧呼吸的情况下，根系就会死亡。

应对措施

应立即采取排水措施，排净地面水后，如果用脚高频踩踏仍见水渍，应在树行间挖30厘米宽、40厘米深的排水沟，将土壤表层水降低，使地面透气，使浅层根系能呼吸，是挽救桃树的最有效的措施。此外，根部先不用浇水施肥，叶部可补氨基酸肥。

32 问：杏核里红色的小虫子是什么虫，怎么防治？

北京市海淀区　司女士

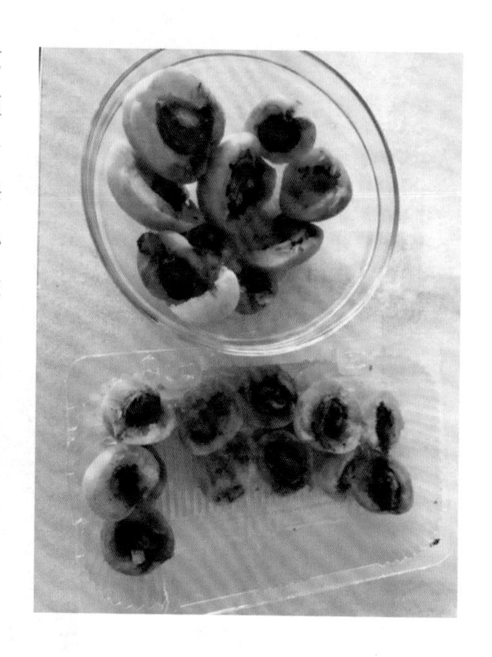

答：徐筠　高级农艺师　北京市农林科学院植物保护环境保护研究所

从图片看，可能是李小食心虫为害所致。李小食心虫在李、杏产区一般一年发生 2 代，但在李、杏混栽园而又有晚熟李存在时，一年可完成 3 代。以老熟幼虫在树冠下，树干周围 1 米范围内 0~5 厘米土层内结茧越冬，另外，在草根附近、土石块下也有少量越冬茧。

防治措施

（1）土壤处理。根据李小食心虫的越冬习性，应以树下防治为主，树上防治为辅。可在 4 月中旬越冬幼虫即将化蛹时和 5 月上旬喷杀虫剂做地面处理。具体药剂有，75% 辛硫磷乳油 0.5 千克 / 亩左右，90% 敌百虫 500 倍液，2.5% 溴氰菊酯乳油 8 000 倍液，喷后用耙子混土。

（2）树上喷药。利用昆虫性外激素诱芯进行测报，方法简单易行，灵敏度高（李小食心虫对梨小食心虫性信息素很敏感）。将市售橡胶头为载体的李小食心虫诱芯或梨小食心虫诱芯悬挂在直径约 20 厘米的水盆上方，诱芯距水面 2 厘米，盆内盛清水加少许洗衣粉。然后将水盆诱捕器挂在果园里，距地面 1.5 米高。自 4 月上旬起，每日或隔日记录盆中所诱雄蛾数量，即可统计出蛾（成虫）高峰。一般蛾高峰后 1~3 日，便是卵盛期的开始，马上安排喷药，在蛾高峰期喷 25% 灭幼脲 1 500~2 000 倍液。李小食心虫昆虫性诱芯在中科院动物所、淘宝网有售，或到当地植保站购买。

33 问：李子上的黑斑是什么病，怎么治？

吉林省　网友“李子”

答：徐筠　高级农艺师　北京市农林科学院植物保护环境保护研究所

从图片看，是李实蜂为害所致。

防治措施

（1）做好预测预报，准确掌握害虫在本地区本园的活动规律，进行防治。

（2）可覆盖黑地膜，有效地防治李实峰，且有利于土壤保温，又可节约浇地用水，能使果实提前成熟。

（3）地面施药。在幼虫脱果期，于地面施药，杀死脱果幼虫。常用药剂有25%辛硫磷微胶囊剂，或用48%乐斯本乳油200~300倍液喷雾。施药前先清除地表杂草，施药后混土。

（4）树上喷药。在花前3~4天和落花后，分别喷药，药剂可用2.5%功夫菊酯乳油3 000倍液、10%氯氰菊酯乳油3 000倍液、2.5%溴氰菊酯4 000倍液等。

34

问：杏树和桃树上都有大量的虫子，是什么虫子，怎么防治?

北京市密云区　某先生

答：徐筠　高级农艺师　北京市农林科学院植物保护环境保护研究所

从图片看，是叶蜂为害所致。

防治措施

叶蜂幼虫3龄前抗药力差，并有群集性的特点，为防治最佳适期。在幼虫为害期全树喷一次50%辛硫磷乳油1 000倍液＋有机硅3 000倍液或25%灭幼脲悬浮剂1 500倍液＋有机硅3 000倍液。图片上的幼虫应为老熟幼虫，防治难度大些，应适量加大药量。

35

问：杏树枝干上往下掉像蚜虫屎的东西，油油的，是什么，怎么防治？

北京市大兴区　庞先生

答：徐筠　高级农艺师　北京市农林科学院植物保护环境保护研究所

从发来的杏树害虫图片判断，是杏球坚介壳虫。

防治方法

（1）做好冬季修剪、清园以减轻翌年虫口密度，萌芽期喷 5 度石硫合剂。

（2）用铁刷或刷锅用的钢丝刷人工刷除。

（3）化学防治。掌握 1 代幼蚧出孵盛期及时进行防治（北京地区一般在洋槐树花期防治）。选择杀介壳虫的药剂，40% 速蚧克或速扑杀 1 200 倍液、克介灵、介光等，杀介壳虫的药剂加农用有机硅渗透剂 3 000 倍效果好。

36

问：李子树枝条上长有黑色的类似木耳的东西，用不用防治?

四川省成都市　果树种植户

答：徐筠　高级农艺师　北京市农林科学院植物保护环境保护研究所

从图片看，可能是发生了木腐病。该病老树、弱树发病较重，难以愈合的大锯口处易受害发病。

防治措施

（1）加强李园管理，发现病死及衰弱的老树，应及早挖除烧毁。加强秋季施有机肥，恢复树势，以增强抗病力。

（2）发现病树长出子实体后，应马上削掉、集中烧毁，并涂1%硫酸铜消毒。

（3）保护树体，应尽量减少伤口，对锯口可涂上述硫酸铜消毒后，再涂波尔多浆或煤焦油等保护，以促进伤口愈合，减少病菌侵染。

37 问：棚内 4 年的大樱桃用些什么肥料？

辽宁省瓦房店市　李先生

答：鲁韧强　研究员　北京市林业果树科学研究院

棚内 4 年生樱桃应进入了初果期，施用鸡粪与牛粪混合较好，比例为 1∶3，这样氮、磷、钾元素相对平衡。如果有条件，最好再施些腐熟的秸秆肥，这对补充微量元素和增加钾素含量很有好处。畜禽粪便一般含钾元素较低，钾元素在秸秆中含量高，多种肥料掺混后营养较平衡，樱桃树结果会比较好。此外，可在花前追施尿素等氮肥，促进梢叶生长和开花坐果，注意新梢及时摘心。坐果后再追施硫酸钾肥，促进果实膨大和着色，效果很好。

38 问：李树流胶怎么处理？

四川省通江县　李先生

答：徐筠　高级农艺师　北京市农林科学院植物保护环境保护研究所

李树流胶一般有几种情况：真菌流胶病、细菌流胶病以及蛀干害虫为害造成的伤口，均可以引起李树流胶，真菌引起的李树枝干流胶病情况多一些。病菌一般来自枝条枯死部位，经风雨传播，由皮孔侵入进行腐生生活，待树体抵抗力降低时向皮层扩展，翌年春枝干含水量降低，病菌扩展加速直达木质部，被害皮层褐变死亡，树脂道被破坏，树胶流出。

防治措施

（1）防治枝干流胶病关键技术是培养壮树，加强栽培管理，做好排水、防虫蛀。对流胶过多无保留价值的枝干进行疏剪，对少数胶点的枝干将病皮刮除后，涂百菌清 50 倍液或菌毒清 10 倍液，连续涂 2~3 遍，间隔 20 天，连涂两年。全园每年在发芽前喷 5 波美度石硫合剂。

（2）细菌流胶病在花前喷 40% 硫酸链霉素 2 000 倍液 + 有机硅 3 000 倍液。

（3）认真防治天牛、桃小蠹等蛀干害虫，冬剪的枝条一定清出果园。

（4）树干涂白防止树干冻伤、晚霜、抽条、日灼伤。涂白剂的制作方法及使用方法：生石灰 10 份、石硫合剂 2 份、食盐 1 份、油脂（动植物油均可）少许、黏土 2 份、水 40 份，搅拌均匀后进行树干涂白。涂白部位主要是树干基部和果树主枝中下部，高度在

0.6~0.8 米为宜，有条件的可适当涂高一些，则效果更佳。涂白每年进行 2 次，分别在落叶后和早春进行。早春涂白时间的确定条件是在涂后晾干前不结冰的前提下，越早越好，新栽植的树木应在栽后立即涂。

39 问：李子树叶上有黑色病斑，周围有一圈锈色，是什么病？

四川省广元市　群源家庭农场

答：徐筠　高级农艺师　北京市农林科学院植物保护环境保护研究所

从图片看，李子发生了锈病。该病是真菌性病害，病菌在柏树组织中越冬，春季4月间随风雨侵入李子树的嫩叶、新梢、幼果上。当李子树芽萌发、幼叶初展时，如天气多雨，同时，温度对冬孢子萌发适宜，发病严重。

防治措施

（1）清除果园5千米范围内的柏树等转主寄主，若不能砍除的话，应在每年春季果树发芽前对柏树喷药3~5波美度石硫合剂1~2次，消灭越冬病菌。

（2）在李子树萌芽至展叶后25天内施药，若雨水多，还应在花前喷1次，花后喷1~2次。药剂：25%三唑酮（粉锈宁）粉剂或乳剂3 000~4 000倍液喷施1~2次。

问：杏树怎么修剪?

北京市大兴区　王女士

答：鲁韧强　研究员　北京市林业果树科学研究院

目前，杏树生产上多采用自然开心形或纺锤形。其整形必须从幼树时抓起，以轻剪、长放、疏枝、拉枝、开张角度，缓和枝势和加速树冠成形为重点，尽量少剪截。一般栽植后在冬季整形修剪的基础上，生长季用拉枝、拿枝、摘心等方法来缓和新梢长势，诱发中短枝和形成花芽。杏树以花束状果枝和短果枝结果为主，新梢当年虽能形成花芽，但坐果不好。因此，冬季修剪除对骨干枝进行剪截外，对结果枝组应以轻剪缓放为主，严格控制背上枝和竞争枝，保持树体通风透光和均衡生长。

41 问：杏树有几棵树干看上去像湿的，用手摸也没有水，是怎么回事，需要怎么处理?

陕西省　网友“一颗石头”

答：鲁韧强　研究员　北京市林业果树科学研究院

从图片上看，杏树枝干上有水湿的表征，看起来不像病害，可能是枝干皮孔受伤，渗出少量树液润湿了局部树皮的缘故，可继续观察。

42

问：温室里的大樱桃花怕烟熏吗?

辽宁省瓦房店市　李先生

答：鲁韧强　研究员　北京市林业果树科学研究院

樱桃开花时比较怕烟熏，温室里种植的果树在加温时，如果使用没有烟筒的煤火炉或直接点燃柴禾，都会产生大量二氧化碳，容易使花丛中毒萎蔫而影响坐果。

43 问：发展盆栽樱桃可行吗？

河南省　网友“河南农民”

答：鲁韧强　研究员　北京市林业果树科学研究院

樱桃可以搞盆栽，应选用矮化砧木苗，成花更容易。一般盆栽果树的目的是欣赏鲜艳的果实，樱桃的果实颜色鲜艳，缺点是果实发育期短，观赏的时间较短。

44 问：甜樱桃的基肥是不是要等叶片全部落完后才能施?
浙江省　网友“丽水～西米露”

答：鲁韧强　研究员　北京市林业果树科学研究院

果树施基肥的最佳时期是要施在根系第二次生长高峰之前期，这一时期施肥断根后，可发生较多新根，既增加了当年对肥料营养的吸收，又有利于树体营养贮藏和枝芽发育。一般情况下，秋发的新根粗壮的延伸根较多，这些新根经冬不衰，到翌年早春，当地温升至 7℃以上时，就会及时吸收营养，供应树体春季生长。同时，这些粗壮新根也是根系生长高峰发根的基础。在北方提倡 9 月上旬早施基肥，就是这个道理。

浙江省的地理环境虽不同于北方，但也不必等落叶后再施基肥，应在地温降到 25℃时即可施用，时间应在 10 月上旬。

45

问：樱桃树已种2年，发现有根瘤，用什么药剂防治好？用链霉素可以吗？

河南省　果树种植户

答：徐筠　高级农艺师　北京市农林科学院植物保护环境保护研究所

樱桃树根癌病是一种比较难以治愈的病害，用链霉素效果不好。

防治措施

（1）播种前种子处理。将抗根癌剂Ⅲ号生物农药菌剂加1~2倍水后调匀拌（浸）种，或直接用菌剂覆盖种子催芽。

（2）定植时，用抗根癌剂Ⅲ号加水1~2倍调成黏泥状蘸根，药液要超过根茎部5厘米。蘸根后尽快栽植，避免阳光。此法的防效达95%以上。

（3）对已患病幼树，将根部癌瘤剪除，然后用抗根癌剂Ⅲ号加水1~2倍涂抹伤口，防效为47.1%，可见抗根癌剂预防效果好于治疗效果。

（4）重病和病死株，及时挖除烧毁（抗根癌剂Ⅲ号生物农药菌剂中国农大有售）。

46 问：树干上是什么虫子的卵？
河北省　网友“河北玉田宜中农场”

答：徐筠　高级农艺师　北京市农林科学院植物保护环境保护研究所

从图片上看，这是斑衣蜡蝉的卵，是一种害虫，可将查找到的卵块直接刮除，带出果园烧毁，以免虫卵孵化造成为害。

47 问：樱桃个别树叶子干枯是怎么回事？

河南省　网友“小马种植”

答：徐筠　高级农艺师　北京市农林科学院植物保护环境保护研究所

从图片看，樱桃叶子干枯，可能是缺铁症。铁在果树体中的流动性很小，老叶子中的铁不能向新生组织中转移，因而它不能被再度利用。因此，缺铁时，下部叶片常能保持绿色，而嫩叶上呈现失绿症。

缺铁矫治方法

（1）秋施有机肥（8 月 20 日左右），在秋施基肥的同时，每株土壤直接施入硫酸亚铁 0.5 千克，掺入畜粪 20 千克。果树缺铁不完全是因为土壤中铁含量不足。由于土壤结构不良也限制了根系对铁的吸收利用。因此，在矫治缺铁时首先要增施有机肥来改良土壤，以提高土壤中铁的可利用性。

（2）叶面喷施 0.3% 硫酸亚铁水溶液或螯合铁（柠檬酸铁）水溶液，每间隔半个月喷施 1 次，共喷施 3~4 次，效果较好。

48 问：樱桃树的新尖，剪还是不剪?

北京市通州区　网友“秋风易冷”

答：鲁韧强　研究员　北京市林业果树科学研究院

樱桃树主要在新梢 20 厘米左右时摘心控长，促进花芽形成。现已进 8 月，可不必摘心，过旺的待秋季再处理。

49 问：樱桃树是什么虫子为害的，怎么防治？

浙江省　网友“丽水～西米露”

答：徐筠　高级农艺师　北京市农林科学院植物保护环境保护研究所

第一张图是叶蝉成虫，第二张图是蝽象若虫。

防治措施

（1）叶蝉。秋冬季节彻底清除落叶，铲除杂草，集中烧毁，消灭越冬成虫。樱桃树发芽后，成虫向樱桃树上迁飞时以及各代若虫孵化盛期，喷洒杀虫剂，可选药剂 45% 氯氰菊酯乳油 2 000~3 000 倍液 + 有机硅 3 000 倍液，10% 吡虫啉可湿性粉剂 3 000~4 000 倍液 + 有机硅 3 000 倍液。

（2）蝽象。在蝽象若虫发生期（约 6 月 5 日）喷菊酯类杀虫剂防治。选择药剂有 20% 速灭杀丁 + 有机硅 3 000 倍液，2.5% 功夫菊酯 + 有机硅 3 000 倍液，2.5% 溴氰菊酯 2 000 倍液 + 有机硅 3 000 倍液等。

问：樱桃树是什么毛病?

北京市通州区　网友“冰冷外衣”

答：徐筠　高级农艺师　北京市农林科学院植物保护环境保护研究所

从图片看，叶子的斑点是叶斑病。

防治措施

（1）加强水肥管理，增强树势，提高树体的抗病能力，冬季修剪后彻底清除果园病枝和落叶，集中深埋或烧毁，以减少越冬病源。

（2）药剂防治。植株萌芽前喷波美 5 度的石硫合剂。加强春梢的防治，花后 7~10 天喷药，隔 15 天再喷 1 次。雨季可再加喷 1~2 遍。选择喷施的药剂有：1.5% 多抗霉素 300~500 倍液 + 有机硅 3 000 倍液（防效好，多年连续使用病菌无抗性产生）；10% 宝丽安 1 200~1 500 倍液 + 有机硅 3 000 倍液；80% 大生 600 倍液 + 有机硅 3 000 倍液。

51 问：樱桃树是什么病，怎么防治？
辽宁省　网友“大连番茄”

答：徐筠　高级农艺师　北京市农林科学院植物保护环境保护研究所

从图片看，是锈病，也称赤星病。

防治措施

（1）果园 5 000 米以内不能种植桧柏。

（2）如果果园周围有不能砍的桧柏，早春时在桧柏上喷波美 2~3 度石硫合剂或者 100~160 倍波尔多液 1~2 次。

（3）樱桃树上，在花前或花后喷 1 次 25% 粉锈宁 3 000~4 000 倍液效果很好。现在发病喷 1 次 25% 粉锈宁 3 000~4 000 倍液可以控制病情，但是不能解决病状了。

52 问：樱桃树叶片发黄，是怎么回事?

辽宁省　网友“金子琪（种植）”

答：鲁韧强　研究员　北京市林业果树科学研究院

从图片看，樱桃的黄叶是典型的缺镁症。一般是钾肥、钙肥施用过多，造成元素间拮抗而缺镁。

防治措施

可土施硫酸镁或叶面喷0.3%的硫酸镁进行矫正。

（四）草莓

问：草莓的花干枯了是怎么回事？

河北省　网友“某先生”

答：陈春秀　推广研究员　北京市农林科学院蔬菜研究中心

从图片看，这种干枯状态是草莓开花后没有授粉造成的。草莓开花时，蜜蜂授粉的温度应当保持在20~26℃。低于20℃蜜蜂授粉能力下降，高于28℃它同样不工作。再者，刚孵化出来的蜜蜂，因为虫龄小也不工作，因此，棚内一定要提前引进蜜蜂。此外，环境因素，如湿度大会造成花粉破裂，也影响授粉。用户可根据具体环境因素去找原因，针对性进行解决。

问：草莓叶片发黄是什么情况造成的?
辽宁省　网友“国益生物科技大连有限公司”

答：陈春秀　推广研究员　北京市农林科学院蔬菜研究中心

一般缺铁会引起叶子发黄，但从图片上看，缺铁可能只是造成叶片发黄的其中一种因素。推测主要原因是地温低、土壤湿度大造成新根发育不好，根系发黑，从而引起叶片发黄。

建议

提高地温，适当控制水分，多施用钾肥，叶面喷施螯合铁。

03 问：草莓果实有点软，容易烂掉。这种情况应该用一些什么肥料，是冲施好还是叶面喷施好？

北京市　邓先生

答：陈春秀　推广研究员　北京市农林科学院蔬菜研究中心

草莓果实变软不耐储运，造成的主要原因如下。

（1）与品种有关，日本类型的品种不耐储运，成熟后容易变软。

（2）与温度有关，棚内温度过高，造成果实成熟过快，果实就会变软。

（3）与肥料有关，钾肥不足，果实就会不耐储运，容易烂。

（4）成熟度过高，也会造成不耐储运。

防治措施

（1）棚温不要过高，特别是夜间温度，温度控制在10~25℃。

（2）注重施用高钾肥料，追施与叶面相结合。

（3）适时采收。

04 问：草莓根部发红是怎么回事?
山东省　网友“打工者”

答：陈春秀　推广研究员　北京市农林科学院蔬菜研究中心

从图片看，草莓应该是发生了根腐病。引起的原因：包括灌溉时水量过大，排水不及时；或光照不足，低温、高湿，土壤黏性过大，土壤结块，通风不好；还有根系受到伤害断裂后病菌感染所致。

防治方法

（1）合理轮作，清洁果园，及时清除田间前茬病株和病残体，用噁霉灵 800 倍液对土壤进行消毒处理；同时，应配合施入大量有机肥，深翻土壤，灌足水，提高土壤墒情。

（2）科学施肥。土壤肥料是草莓正常生长，优质高产之根本，因此，施肥应掌握“多施有机肥、适量施氮肥、增施磷钾肥、搞好叶面肥”的原则，促使草莓健壮生长，从而激发草莓自身抗根腐病能力。

（3）药剂防治。草莓根腐病应以预防为主，在育苗时用高锰酸钾每平方米 2~4 克对水进行喷淋。移栽前后用高锰酸钾，稀释 1 500 倍液，每株 200 毫升，进行灌根。成株期可采用 600~800 倍液的噁霉灵或 800~1 000 倍液的甲霜噁霉灵进行灌根。

（4）高垄地膜栽培，加强田间管理。合理施肥、科学灌水，并在草莓开花前、幼果期、果实膨大期及时喷洒药剂。

05 问：草莓叶片边缘变褐色是怎么回事？

辽宁省　国益生物科技大连有限公司

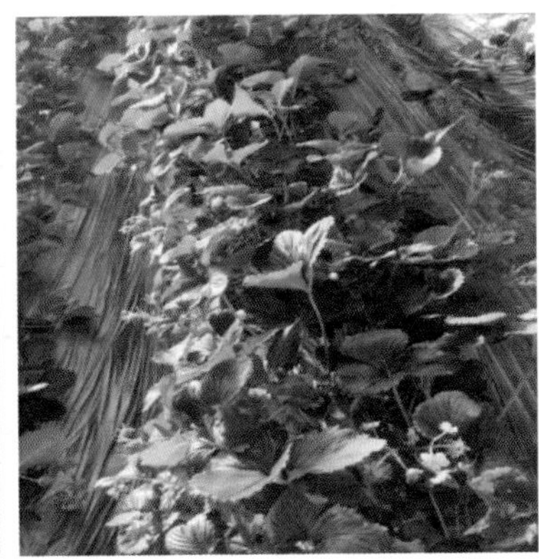

答：徐筠　高级农艺师　北京市农林科学院植物保护环境保护研究所

从发来的草莓叶片边缘黄化图片看，为缺钾症。缺钾主要表现为叶尖、叶缘向中心黄化、焦枯或叶缘向里卷曲，同时，发生褐色斑点坏死，一般老叶先有症状。

补救措施

（1）结合秋施基肥或生长季追肥时，增加硫酸钾的施用量，每亩土施 3~5 千克。

（2）生长季叶面喷施草木灰浸出液 50 倍液或磷酸二氢钾 300 倍液，每间隔半个月喷施 1 次，共喷施 2~3 次。

06 问：草莓化肥施多了怎么办？

辽宁省　某先生

答：鲁韧强　研究员　北京市林业果树科学研究院

草莓化肥施多了，就会造成土壤溶液浓度过高，使草莓根系吸收水分困难，轻者不发苗，重者萎蔫枯死。

解决方法

一是灌大水淋洗和稀释土壤溶液的浓度；二是叶面喷水增加叶片含水量，减轻植株萎蔫程度。

07

问：草莓老叶片边缘有变褐色的情况，是怎么回事？
河南省　马先生

答：鲁韧强　研究员　北京市林业果树科学研究院

从图片上的草莓叶片判断，是缺钾症。表现为老叶片、叶缘齿尖变褐，是典型缺钾症状。

建议

应当根据栽培管理增施钾肥，可改善。

08 问：草莓上的都是什么虫子，需要用什么药?

黑龙江省　网友“冰冷外衣”

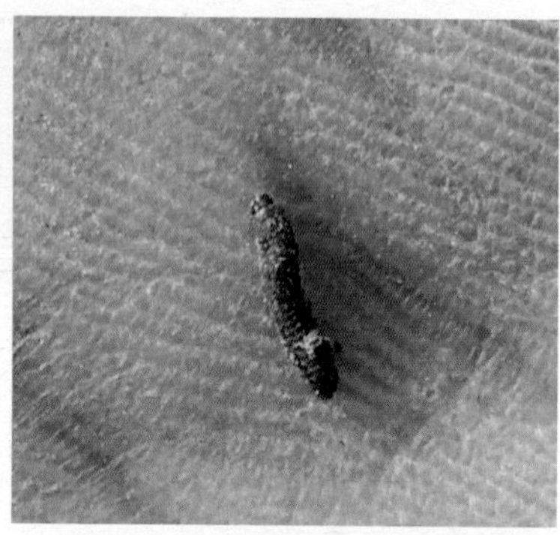

答：李明远　研究员　北京市农林科学院植物保护环境保护研究所

从图片看，像是棉铃虫，但不是很清晰，应该是夜蛾科害虫。

建议

可以使用菊酯类农药进行防治。

09 问：草莓茎基部从外向内发病，草莓死后，茎基部腐烂，根不易拔出，是什么病，如何防治？

河南省　网友“小马种植”

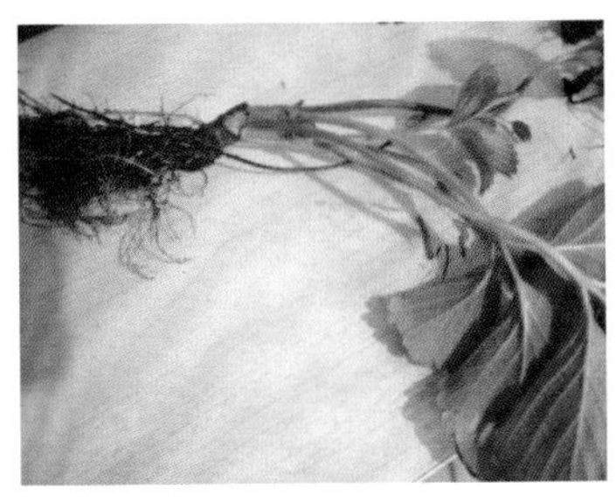  

答：徐筠　高级农艺师　北京市农林科学院植物保护环境保护研究所

从图片看，可能是草莓根腐病。重茬连作地，其连作障碍最严重，植株长势衰弱，发病重。

防治措施

（1）化学防治。15%噁霉灵可溶性粉剂500倍液浸根30分钟，成活率可达90%以上。定植后要重点对发病中心株及周围植株进行防治。发病时可选用2.5%咯菌腈（适乐时）1 000倍液灌根。70%甲基托布津可湿性粉剂及80%多菌灵可湿性粉剂500倍液连续或喷洒根茎2~3次，穴灌200~250毫升，间隔期7~10天，均可降低发病，但防效较适乐时差。

（2）农业防治。

① 合理轮作，避免连作。草莓田一般要实行4年以上的轮作。连作田可施抗重茬，施普乐微牌的抗重茬防病专用生物菌剂（中国农大西校区有售）。② 清洁莓园，草莓生长期和采收后，将地里的

草莓植株全部挖除干净，及时清除田间病株和病残体，集中烧毁或深埋，以免加大再侵染来源。③ 土壤高温消毒。在草莓采收后，将地里的草莓植株全部挖除，施有机肥，灌足水，在气温较高时，地面用透明塑料薄膜覆盖 15 天，使地温上升到 50~60℃ 。④ 选择早熟避病或抗（耐）病品种。⑤ 合理施肥，注意增施磷、钾肥，施足基肥。

10 问：草莓栽苗的时候蘸根了，但还是得了炭疽病和根腐病，重新补苗仍有死苗，如何处理？

北京市密云区　网友“北京草莓新生活”

答：徐筠　高级农艺师　北京市农林科学院植物保护环境保护研究所

草莓炭疽病主要发生在育苗期和定植初期。高温高湿、带菌的操作工具、病叶、病果、草莓连作田、老残叶多、氮肥施用过量、种植密度过大都是引起发病的主要原因。草莓根腐病一般发生在重茬连作地，是连作障碍的主要原因，植株长势衰弱，发病重。

两种病的防治措施

（1）选用抗病品种。

（2）合理轮作，避免连作。草莓地一般要实行4年以上的轮作。连作田可施抗重茬剂，如施普乐微牌的抗重茬防病专用生物菌剂（中国农业大学西校区有售）。

（3）育苗地要进行严格的土壤消毒，尽可能实施轮作，控制苗地繁育密度，培育壮苗。此外，在发病初期应及时摘除病叶、病茎。在草莓采收后，将地里的草莓植株全部挖除，施有机肥，灌足水，在气温较高时，地面用透明塑料薄膜覆盖15天，使地温上升到50~60℃，利用高温杀死病菌。

（4）草莓地增施有机肥和磷钾肥，氮肥要适量。

（5）药剂防治。

草莓炭疽病　在繁苗期、移栽扣棚前、采果后使用68.75%杜邦易保800~1 000倍液或80%大生800倍液喷雾。苗期可用50%咪鲜胺可湿性粉剂700倍液、75%百菌清可湿性粉剂600倍液或80%大生M−45可湿性粉剂700倍液连续喷2~3次，中间间隔7天喷1次。

草莓根腐病　可用15%噁霉灵可溶性粉剂500倍液浸根30分钟，成活率可达90%以上。定植后要重点对发病中心株及周围植株进行防治。发病时可选用2.5%咯菌腈（适乐时）1 000倍液灌根。70%甲基托布津可湿性粉剂及80%多菌灵可湿性粉剂500倍液连续或喷洒根茎2~3次，穴灌200~250毫升，间隔期7~10天，均可降低发病，防效较适乐时差。

11 问：草莓茎腐病怎么防治？

四川省　网友“Mr.”

答：李明远　研究员　北京市农林科学院植物保护环境保护研究所

从图片看，应该是发生了草莓茎腐病。

防治措施

（1）合理轮作，清洁果园。及时清除田间前茬病株和病残体，集中烧毁或土壤热力消毒，可对地表喷施消毒药剂加新高脂膜800倍液对土壤进行消毒处理；同时，应配合施入大量有机肥，深翻土壤，灌足水，提高土壤墒情。

（2）科学施肥。土壤肥料是草莓正常生长，优质高产之根本，因此，肥料应掌握“多施有机肥、适量施氮肥、增施磷钾肥、搞好叶面肥”促使草莓健壮生长，从而激发草莓自身抗根腐病能力。

（3）高垄地膜栽培，加强田间管理，合理施肥、科学灌水，并在草莓开花前、幼果期、膨大期要及时喷洒药剂，提高草莓循环坐果率，促进果实发育，协调营养平衡，防治草莓畸形发生，使草莓丰产优质。

（4）药剂防治。草莓根腐病应以预防为主，在育苗时用高锰酸钾每平方米 2~4 克，进行喷淋。移栽前后用高锰酸钾，稀释 1 500 倍液，每株 200 毫升，进行灌根。

网上也有人建议发病初使用“鑫科植保烂根死苗 120”灌根或喷雾，用户可根据自己情况选择实施。

12 问：草莓叶片被虫子吃出天窗，留下了叶脉和表皮，是怎么回事?

浙江省　网友“丽水～西米露”

答：徐筠　高级农艺师　北京市农林科学院植物保护环境保护研究所

从图片看，可能是黄曲条跳甲为害所致。

防治措施

（1）移栽前 5~6 天深耕晒土，每亩均匀撒施 5% 辛硫磷颗粒剂 2~3 千克，注意混土。

（2）保护地可使用 40 目防虫网。

（3）黄色黏虫板诱集。每亩设置 30 块左右，每隔 7 天清洗黄板后刷机油可重新使用。

（4）杀虫灯诱杀。可用频振式杀虫灯诱杀成虫，每 1~1.33 公顷安装一盏。

（5）化学防治。

防治成虫　当旬气温超过 18℃，黄板每天诱集成虫呈增大趋势时，即为成虫高峰期，可于早晚喷药。可选药剂有：40% 氯虫·噻虫嗪 7 500 倍液；3% 苦参碱 800 倍液；2.5% 溴氰菊酯乳油 2 500~4 000 倍液；10% 氯氰菊酯乳油 2 000~3 000 倍液等。以上药剂均加有机硅 3 000 倍液。

防治幼虫　成虫高峰期 13~16 天后即为幼虫孵化高峰期。土壤处理、灌根可选用 300 克 / 升氯虫·噻虫嗪悬浮剂、48% 毒死蜱乳油 1 000 倍液、90% 晶体敌百虫 1 000 倍液等。

13

问：草莓苗在冷库放置了 10 天，定植时有什么需要注意的地方?

辽宁省　网友“打工者”

答：陈春秀　推广研究员　北京市农林科学院蔬菜研究中心

草莓苗放在冷库处理是为了促进草莓花芽分化。一般放在冷库 7 天左右，要从冷库中拿出来，放在 16℃温度下见光 4~6 小时，然后再放入冷库内，30 天后，就可以定植了。只放了 10 天，处理的时间还不够。

建议

这样的草莓苗花芽分化不足，定植后，一定要浇足水分，进行遮阴，促进缓苗。

14 问：草莓叶面厚，营养供应足，会不会引起果实软不耐运输的情况发生？如何预防果实偏软？

辽宁省大连市　国益生物科技大连有限公司

答：鲁韧强　研究员　北京市林业果树科学研究院

草莓的果实是浆果，成熟度高就会变软。不同种系间果实硬度有很大差别，欧美品种果个大、硬度高，日韩品种果软、甜度高。

建议

想要提高果实硬度，可注意在草莓果实膨大期喷施钙、硅肥或离子钛肥，并在采前 1 周注意控水，使果实硬度和耐贮运性都会有所提高。

（五）其他果树

棚里种的满棚红巴拉帝葡萄叶子发黄，花前花后冲的“艾美大量元素清液肥”，是什么问题？

辽宁省　网友“城市边缘人”

答：鲁韧强　研究员　北京市林业果树科学研究院

从图片上看，葡萄新叶变黄且有烧边现象，是严重的缺铁症。

原因

施用的这种冲施肥含磷很高，如果底肥也是鸡粪等含磷高的肥料，那么土壤中的磷含量会很高，高量的磷严重影响铁的吸收。再加上棚内高温、高湿，新梢生长快，会加重缺素的症状。

02 问：什么是葡萄限根栽培，在限根器下边的土要松吗？

江苏省徐州市　夏女士

答：鲁韧强　研究员　北京市林业果树科学研究院

葡萄限根栽培是建立在限根器基础上的一种栽培模式。葡萄限根器是一种先进的花盆，它克服了花盆栽葡萄根系绕盆边盘转的缺点，当根尖长入透气的凸槽时，就会自然枯尖而发出更多细根，使盆内根系分布较均匀，根系发达，移栽后植株生长健壮。因此，限根器下不仅不应松土，还应铺无纺布，防止根系下扎。

03 问：葡萄果粒上长毛是怎么回事?

北京市　网友“* 娟子 *”

答：徐筠　高级农艺师　北京市农林科学院植物保护环境保护研究所

从图片看，是发生了葡萄灰霉病。葡萄灰霉病主要发生在保护地和葡萄贮藏期。其浸染多发生在花期，以后在果实、叶上可不断再感染。也有的是花期潜伏浸染，果实近成熟期表现症状。

防治措施

（1）保护地注意调节室（棚）内温湿度，白天使室内温度维持在 32~35℃，空气湿度控制在 75% 左右，夜晚室（棚）内温度维持在 10~15℃，空气湿度控制在 95% 以下。

（2）避免偏施氮肥，应适当增施磷钾肥。

（3）花期前后及时喷石灰少量式波尔多液保护。

（4）发病后及时摘除病果病穗，喷药。可选药剂有：50% 朴海因 1 000~1 500 倍液；10% 多氧霉素 1 000 倍液；70% 甲基托布津可湿性粉剂 1 000 倍液；50% 速克灵 1 000~2 000 倍液；48% 多菌灵 600~800 倍液。

04 问：葡萄叶片上有白粉，是什么病？怎么防治？

辽宁省　网友“人生如梦”

答：徐筠　高级农艺师　北京市农林科学院植物保护环境保护研究所

从图片看，葡萄叶片上有白粉是葡萄白粉病，白粉病菌在树体芽内越冬，春天随着树芽萌发病菌生长、繁殖，新梢及叶片表现产生白粉。

防治措施

白粉病在病梢刚出现时喷1次药，即有良好防效。可选用的农药品种有：20%粉锈宁乳油1 500~2 000倍液；40%福星乳油8 000~10 000倍液；10%世高水分散粒剂5 000倍液；晴菌唑可湿性粉剂8 000~10 000倍液。

05 问：威代尔葡萄是什么病，怎么防治?

贵州省　网友“北京 – 刘”

答：徐筠　高级农艺师　北京市农林科学院植物保护环境保护研究所

从图片看，可能是葡萄炭疽病。

防治措施

葡萄炭疽病生长季节抓好喷药保护。每 15~20 天，细致喷布 1 次 1∶5∶240 倍半量式波尔多液，保护好树体，并在两次波尔多液之间加喷高效、低残留、无毒或低毒杀菌剂。可选用以下农药交替使用：多抗霉素 500 倍液、72% 克露可湿性粉剂 700~800 倍液、75% 百菌清可湿性粉剂 600~800 倍液、50% 代森锰锌可湿性粉剂 500 倍液、80% 甲基托布津可湿性粉剂 1 000 倍液。

06 问：葡萄怎么了？

北京市密云区　网友“北京草莓新生活”

答：徐筠　高级农艺师　北京市农林科学院植物保护环境保护研究所

从图片看，可能是葡萄炭疽病。

防治措施

葡萄炭疽病生长季节抓好喷药保护。每 15~20 天，细致喷布 1 次 1∶5∶240 倍半量式波尔多液，保护好树体，并在两次波尔多液之间加喷高效、低残留、无毒或低毒杀菌剂。可选用以下农药交替使用：多抗霉素 500 倍液、72% 克露可湿性粉剂 700~800 倍液、75% 百菌清可湿性粉剂 600~800 倍液、50% 代森锰锌可湿性粉剂 500 倍液、80% 甲基托布津可湿性粉剂 1 000 倍液。

07 问：葡萄得了什么病?

江苏省　网友“江苏兆绿农科　汪”

答：徐筠　高级农艺师　北京市农林科学院植物保护环境保护研究所

从图片看，可能是葡萄炭疽病。

防治措施

葡萄炭疽病生长季节抓好喷药保护。每15~20天，细致喷布1次1∶5∶240倍半量式波尔多液，保护好树体，并在两次波尔多液之间加喷高效、低残留、无毒或低毒杀菌剂。可选用以下农药交替使用：多抗霉素500倍液、72%克露可湿性粉剂700~800倍液、75%百菌清可湿性粉剂600~800倍液、50%代森锰锌可湿性粉剂500倍液、80%甲基托布津可湿性粉剂1 000倍液。

08

问：葡萄叶片是怎么回事?

山西省　网友“晋州——孙”

答：鲁韧强　研究员　北京市林业果树科学研究院

从图片看，是葡萄新梢下部老叶焦边，属缺钾症。

09 问：葡萄两三年了为什么一直没开花结果？

北京市通州区　网友“北京通州种植者”

答：鲁韧强　研究员　北京市林业果树科学研究院

从图片看，葡萄树长得看似茂盛，但枝条不会充实，也就形不成花芽。葡萄一般需要搭架，可以是篱形架也可以是棚架。每年将老蔓引缚架面，将去年的新枝剪留5节左右，按40厘米左右间距绑于架面，对发出的新枝留10叶片摘心，对再长出的延长梢留5叶片摘心，对侧方叶腋间发出的副梢留2叶片反复摘心。这样的新梢才能粗壮充实，形成花芽翌年结果。如果不在夏季修剪，所有副梢一齐长，既密不透风又细弱不充实，是不能成花结果的。

10 问：葡萄顶部叶片发黄，怎么回事？

河南省　网友"河南葡萄种植"

答：鲁韧强　研究员　北京市林业果树科学研究院

从图片看，新梢叶片发黄是缺铁症。由于雨水多或灌水大，新梢生长快，而土壤透气不良，使根系吸收困难造成缺素症。

建议

应控制水分、加强松土和叶面喷施螯合铁等措施矫正。

问：新定植的葡萄不怎么长，用什么药?
安徽省　网友“淮北种养结合”

答：鲁韧强　研究员　北京市林业果树科学研究院

新定植的葡萄苗前期生长就是慢，中后期根系已较发达，生长就会加快。从图片看，葡萄苗生长正常，现在新叶颜色较浅就是要快速生长的表现。

建议

需要 6—7 月追施氮肥，7 月底后追施磷钾肥，注意灌水后和大雨后松土透气，就会较快生长。

12 问：葡萄是什么病，怎么防治？

河北省　网友"小北"

答：徐筠　高级农艺师　北京市农林科学院植物保护环境保护研究所

从图片看，是葡萄白腐病。该病是一种真菌侵染所致，病菌孢子在土壤中能存活 1~2 年，病果粒上分生孢子器中病菌孢子在土壤中可存活 3 年以上。病菌以分生孢子器和菌丝体随同病果粒大多在土壤里越冬，表土 5~20 厘米深的范围内最多。一般高温多雨有利于病害的流行，一切造成伤口的条件都有利于发病。

防治措施

（1）做好果园清洁工作以减少菌源。

（2）改善架面、通风透光、及时整枝、打叉、摘心和尽量减少伤口，提高果穗离地面距离，架下地面覆黑地膜占地面的 60%，注意排水降低地面湿度。喷磷酸二氢钾等叶面肥和根施复合肥，增强树势，提高抗病力等一系列措施，都可抑制病害的发生和流行。接近地面的果穗可进行套袋。

（3）强化药剂防治。在葡萄芽膨大而未发芽前喷波美 3~5 度石硫合剂或 45% 晶体石硫合剂 40~50 倍液。花前开始至采摘前，每 15~20 天喷 1 次药，用 1：0.5：200 式的波尔多液和百菌清 600 倍液 + 有机硅 3 000 倍液交替使用，进行预防。施药必须注意质量，要穗穗打到，粒粒着药。

13 问：葡萄穗刚开始掉果，后来变黑，是怎么回事?
北京市延庆区　有机果园“李先生”

答：鲁韧强　研究员　北京市林业果树科学研究院

从图片看，葡萄穗是早期病害，像穗轴褐枯病。病菌以分生孢子在枝蔓表皮或芽鳞片内越冬，翌春芽萌动至花期分生孢子侵入，病菌可借风雨传播。

防治方法

结合冬剪清除病源，春季芽萌动前喷波美 5 度石硫合剂，开花前、后喷百菌清、代森锰锌 +3 000 倍液有机硅防治。

14 问：巨峰葡萄坐果后掉果怎么办？

北京市大兴区　网友“采育辛店农家果园”

答：鲁韧强　研究员　北京市林业果树科学研究院

巨峰葡萄本身就坐果差。

解决方法

花期时在果穗上留 4 片叶子后摘心，进行掐穗尖、疏小穗，喷 PBO 生长调节剂等方法是巨峰葡萄保坐果的主要措施，此外，进行副梢及时摘心和加强根外喷肥等，也有较好的辅助作用。

15 问：葡萄大小粒是怎么回事?

辽宁省　网友“人生如梦”

答：鲁韧强　研究员　北京市林业果树科学研究院

从图片看，葡萄粒大小不一致与授粉受精不良有关。受精的果粒，有饱满的种子，会长得较大，正常发育；未受精的果粒形成无核果就长得小。同时，从照片看，果粒着色很不一致，这又与缺锰症极相似，可以说这是缺硼、缺锰的综合征。

防治措施

在花期喷施硼肥提高花的授粉受精率，坐果后补充锌锰肥，可促进果粒生长和着色的一致。

16

问：石榴果皮非常粗糙，一大片全是这样。不知道是什么原因？

四川省广元市　群源家庭农场

答：鲁韧强　研究员　北京市林业果树科学研究院

从照片看，石榴应该是日灼伤害引起的粗皮。在连阴雨后晴天强光照，由于温、湿度剧烈变化，使果实阳面表皮细胞损伤，损伤的细胞分生出愈伤组织，形成连片褐皮。

17 3年生的果树被火烧了，还有救吗？

江苏省　网友“江苏连云港 桃农”

答：鲁韧强　研究员　北京市林业果树科学研究院

从照片的皮层削面看，形成层已变褐，说明火烧对果树造成了一定的伤害。

补救措施

可先对有烧伤的树干涂白保护，降低皮层的昼夜温差。有条件的顶凌浇水，补充树体水分。对树冠进行重修剪，减少树体水分蒸发，待发芽后再看结果。果树发芽后，可先准备一些品种接穗，若受伤树不发芽，其根部较低部位应该没有受伤，可以在近地面处截去树干，进行插皮嫁接进行补救。

18 问：台湾青枣果子发黑不长，是什么原因引起的，有什么防治方法？

浙江省　网友“丽水～西米露”

答：徐筠 高级农艺师　北京市农林科学院植物保护环境保护研究所

从图片看，可能是发生了青枣缩果病。缩果病症状表现在 7 月下旬至 8 月上旬，青枣近成熟转色期遇连阴雨加重发病。

预防措施

加强修剪，使树降至 5 米以下，增施有机肥和磷钾肥，在果实迅速膨大期喷 1 次、采果后喷 2 次有机肥或绿芬威 2 号 1 000 倍液加 0.2% 硼砂。

问：柑橘表面有果锈，是怎么回事？

北京市海淀区　某女士

答：鲁韧强　研究员　北京市林业果树科学研究院

从图片上的果实看，像是日灼伤。在连阴雨后遇到晴天高温，强烈阳光直射，会使果实阳面表皮温度急剧上升，当果面温度达到45℃以上时，果实阳面表皮细胞即会发生灼伤，严重灼伤的果皮会完全木栓化。

20

问：今年橘树花开得不少，但花全枯萎了，也没出新叶，是怎么回事?

江苏省　网友“推介特色紫桃”

答：鲁韧强　研究员　北京市林业果树科学研究院

从照片的橘树新枝叶生长及花的情况看，是由于缺硼和缺锌造成的。缺硼会影响花器发育和坐果，缺锌会使枝条顶端出现小叶。

建议

现在可土施硼砂 100 克，树上喷 0.3%硫酸锌，待明年花期喷 0.3%硼砂加 0.2%硫酸锌矫正。

问：皇帝柑打多效唑会引起根部变形不？
河南省　曹先生

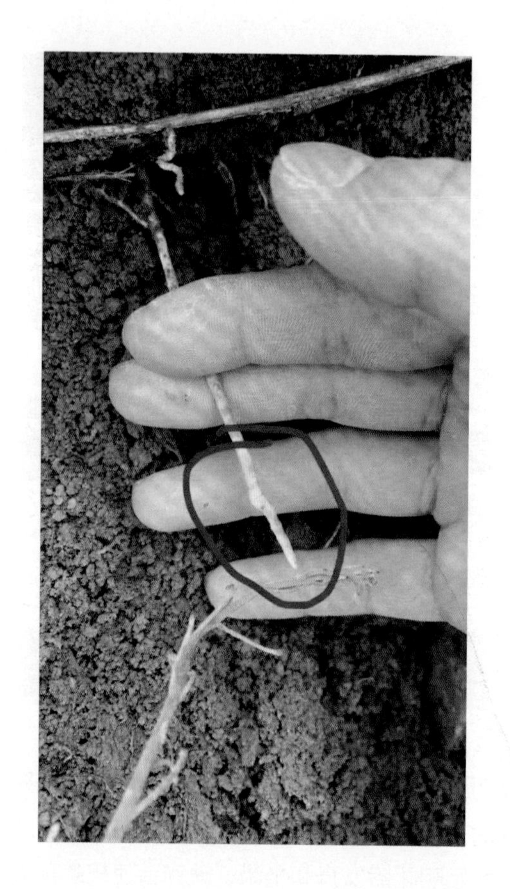

答：鲁韧强　研究员　北京市林业果树科学研究院

果树喷多效唑会抑制新梢生长，同样也会对新根生长有抑制，表现为延伸根和吸收根变短粗，尤以高剂量土施多效唑对根生长影响最大。

22 龙眼树的顶端嫩叶皱缩干枯，是什么原因引起的，有什么防治方法？

浙江省　网友“丽水～西米露”

答：徐筠　高级农艺师　北京市农林科学院植物保护环境保护研究所

从龙眼图片看，是缺锰症，缺锰特点为幼叶的脉间组织褪绿，并有坏死斑块。

防治方法

（1）土壤施用有机肥或施用硫酸锰和有机肥的混合物，土施硫酸锰每亩 2 千克。

（2）叶面喷施 0.2%~0.3% 硫酸锰水溶液 3~5 次。

23 问：芒果树叶子有小颗粒凸起是叶瘿蚊引起的吗？有什么防治方法？

浙江省　网友“丽水～西米露”

答：徐筠　高级农艺师　北京市农林科学院植物保护环境保护研究所

从图片看，为新入侵害虫壮铗普瘿蚊为害的症状。这种害虫在澳洲、非洲等芒果产区均有发生，据报道在福建、广西南宁芒果产区发现，有扩散为害趋势，值得芒果产区相关部门和技术人员高度重视。该虫代重叠严重，防治难度大，若扩大蔓延为害，将严重影响芒果生产。

防治措施

（1）加强监控和检疫，严禁从病区引进种核、苗木和接穗。对已零星发生的果园，需重点加强局部防治，防止进一步扩散。结合冬季修剪，将带虫枝叶剪除并集中烧毁，减少越冬虫源；统一放梢或化学控梢以免新梢交替抽生，避免为瘿蚊提供持续的产卵场所。

（2）药剂防治。① 在抽梢初期喷雾，10% 吡虫啉 2 000+ 有机硅 3 000 倍液。② 树干基部打孔注药，在芒果树干基部打孔，根据树干大小每 5 厘米打一孔，各孔可适当上下错位；每孔用医用注射器均匀注入 10% 吡虫啉或 16% 虫线清 5 倍液 3~5 毫升，注药后用黄泥土堵塞，防止药液蒸发。

24 问：芒果树叶子上密密麻麻的麻点点，是什么虫害？怎么防治？

浙江省　网友“丽水～西米露”

答：徐筠　高级农艺师　北京市农林科学院植物保护环境保护研究所

从发来的图片看，是蓟马为害所致。

防治措施

（1）最好在虫害发生初期进行防治。

（2）根据蓟马昼伏夜出的特性，建议在晴天的下午喷药。

（3）蓟马隐蔽性强，药剂需要选择内吸性的或者添加有机硅助剂，而且尽量选择持效期长的药剂。可选用25%噻虫嗪2 000~3 000倍液+有机硅3 000倍液，也可以和阿维菌素混用等。

25 问：芒果叶上有黄色的斑点，是什么病，怎么防治？

浙江省　网友“丽水 ~ 西米露”

答：徐筠　高级农艺师　北京市农林科学院植物保护环境保护研究所

从图片看，芒果叶片从上到下有 3 种叶斑病，1 种煤烟病。第一片叶子可能是茎点霉叶斑病，又称细菌性黑斑病。第二片叶子是灰斑病，第三片叶子是叶点霉叶斑病和煤烟病。

防治措施

（1）加强果园管理。合理修剪，提高果园通风透光度，降低果园湿度，营造不利于该病发生的环境条件；合理施肥和增施有机肥、增强树势和抗性。

（2）及时清除病枝落叶，并集中烧毁，消灭侵染源，减少本病的发生。

（3）生长中期选择晴天喷 1∶1∶160 波尔多液保护剂 2~3 次。

（4）煤烟病的发生与叶蝉、蚜虫、介壳虫和蛾蜡蝉等同翅目昆虫的为害有关，及时准确选择喷杀虫剂、杀蚜虫剂、杀介壳虫剂适时防治。

（5）在发病初期喷施药剂防治。

细菌性黑斑病可选药剂　75% 农用硫酸链霉素 2 500 倍液 + 农用有机硅 3 000 倍液，硫酸链霉素 3 500 倍液 + 农用有机硅 3 000 倍液，新植霉素 3 500 倍液 + 农用有机硅 3 000 倍液。一般每隔 5 天喷 1 次，共喷 3 次。

灰斑病和叶点霉叶斑病可选药剂　1.5 % 多抗霉素水剂 300~500 倍液，10% 多氧霉素 1 000~1 500 倍液，4% 农抗 120 果树专用型 600~800 倍液，5% 扑海因可湿性粉剂 1 000 倍液。

26 问：芒果树叶片发黄是什么病害?
云南省　网友“丽水～西米露”

答：徐筠　高级农艺师　北京市农林科学院植物保护环境保护研究所

从图片看，可能是芒果棒孢叶斑病。菌以菌丝体在枯死叶片或病残体上越冬，翌春随芒果生长侵入植株叶片，高温高湿易发病。

防治措施

（1）发现病叶及时剪除，防其传染。

（2）发病初期喷洒10%世高水分散粒剂3 000倍液或0.5∶1∶100倍式波尔多液。

27 问：西梅树苗叶子像烧焦了，是什么原因？

北京市　网友“zxy”

答：徐筠　高级农艺师　北京市农林科学院植物保护环境保护研究所

从图片看，叶子的斑点可能是叶斑病。

防治措施

（1）加强水肥管理，增强树势，提高树体的抗病能力，冬季修剪后彻底清除果园病枝和落叶，集中深埋或烧毁，以减少越冬病源。

（2）药剂防治。植株萌芽前喷波美5度的石硫合剂；花后7~10天，选择喷施的药剂有：1.5%多抗霉素300~500倍液（防效好，多年连续病菌无抗性产生）；10%宝丽安1 200~1 500倍液；80%大生600倍液。以上药剂加农用有机硅渗透剂3 000倍液防效好。雨季可再喷施2遍以上药剂。

28

问：菠萝蜜果从绿色逐渐变黑，然后蒂落，掉下来的果都变黑且蒂干枯萎，是怎么回事？

广西壮族自治区　王先生

答：徐筠　高级农艺师　北京市农林科学院植物保护环境保护研究所

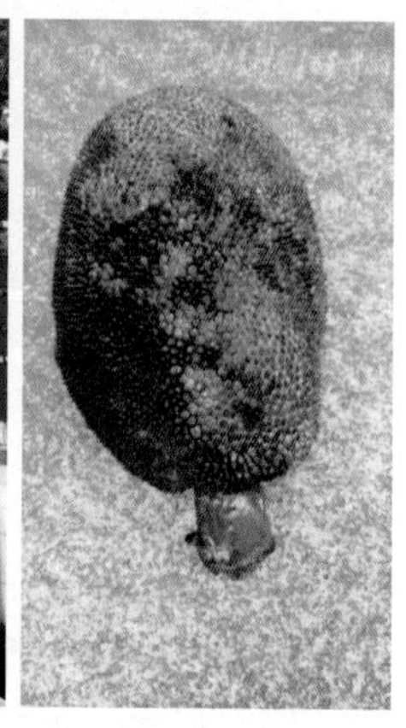

从图片看，可能是菠萝蜜果腐病，病原菌为囊孢壳菌，主要为害接近成熟的果实。大多通过机械损伤和昆虫蛀伤侵入。广东地区一般在 3 月发病，4—6 月为发病盛期。病害发生适宜温度为 25℃，相对湿度为 80% 以上。在阴湿多雨的环境，结果过多、树冠发育过旺或生势衰弱的植株，都会使病情加重。

防治措施

（1）认真防治害虫，检查被害果实有无害虫为害，鉴定害虫种类，调查害虫为害时期及发生规律，在害虫蛀食果实之前适时喷杀虫剂。

（2）加强栽培管理，冬季适当修枝，追施有机肥料。

（3）果熟期可选择喷洒波尔多液、70% 代森锰锌 2 000 倍液、50% 速克灵 500 倍液、58% 瑞毒霉锰锌可湿粉剂 1 000 倍液，每 7~10 天喷 1 次至采收前 15~20 天。

29

问：果园里有一小部分瓯柑树皮变褐色是什么病？

浙江省温州市　网友“温州—瓯柑种植”

答：徐筠　高级农艺师　北京市农林科学院植物保护环境保护研究所

从发来图片看，可能是柑橘炭疽病。据报道该病可为害叶片、枝梢和果实。

防治措施

（1）加强果园栽培管理和修剪，注意通风透光，及时排水。

（2）增施有机肥，注意磷、钾肥的配合施用，使树体增强抗病能力。

（3）冬季清园，清除病叶病枝，减少病原。

（4）生长季节可选用以下农药交替使用：80%喷克可湿性粉剂800倍液+有机硅3 000倍液、70%克露可湿性粉剂700~800倍液+有机硅3 000倍液、10%世高1 500倍液+有机硅3 000倍液。

问：瓯柑叶子黄化，是什么原因？
浙江省温州市苍南县　网友“瓯柑【倘买无】”

答：徐筠　高级农艺师　北京市农林科学院植物保护环境保护研究所

从图片看，出现于幼叶的脉间失绿应为柑橘树缺锰的症状。

补救措施

（1）土壤施用有机肥或施用硫酸锰和有机肥的混合物，土施硫酸锰每亩 2 千克。

（2）叶面喷施 0.2%~0.3% 硫酸锰水溶液 3~5 次。

图片上夹杂有斑驳失绿症状，有可能是细菌性柑橘黄龙病。该病由木虱传播。是否是柑橘黄龙病，需请当地技术人员进一步鉴定。

31 问：杨桃的叶子退绿是缺少哪种元素，有什么防治方法？浙江省　网友“丽水～西米露”

答：徐筠　高级农艺师　北京市农林科学院植物保护环境保护研究所

从发来的图片看，是发生了缺镁症。缺镁叶片特点为从老叶开始叶脉间组织褪绿，并有坏死斑块。

防治措施

（1）每年 8 月下旬开沟增施沤熟的粪肥改善营养结构。

（2）及时进行根外（叶面）施肥，喷施 3%~4% 硫酸镁液，一般 2~3 次即可。

32 问：龙眼树、芒果树叶子边缘有点干枯，分别是什么问题，有什么防治方法？

浙江省　网友“丽水～西米露”

答：徐筠　高级农艺师　北京市农林科学院植物保护环境保护研究所

从发来的图片看，龙眼树、芒果树均为缺钾症。一般情况下，缺钾主要表现为叶尖、叶缘向中心黄化、焦枯，老叶先有症状。

补救措施

（1）结合秋施基肥（8 月 20 日左右）或生长季追肥时，增加硫酸钾的施用量，每亩土施 3~5 千克。

（2）生长季叶面喷施草木灰浸出液 50 倍液或磷酸二氢钾 300 倍液，每间隔半个月喷施 1 次，共喷施 2~3 次。

33 问：番石榴黄叶，是怎么回事？

广西壮族自治区博白县　蓝孔雀养殖场

答：鲁韧强　研究员　北京市林业果树科学研究院

从图片上的病叶看，是老叶脉间失绿，属缺镁症。

建议

可土施硫酸镁或叶面喷 0.3% 硫酸镁进行矫正。此外，偏施钾肥也会对镁元素产生拮抗作用，导致缺镁症，应进行平衡施肥。

34 问：2年生的柚子树新枝条黄化，是什么问题？

广西壮族自治区博白县　蓝孔雀养殖场

答：徐筠　高级农艺师　北京市农林科学院植物保护环境保护研究所

从图片看，是缺素症，可能是缺氮、缺镁。

缺素症的矫治方法和施肥要点

（1）施基肥。每年在土温下降10℃之前的1个月之内是施基肥的最佳时期，以施有机肥为主，并配速效氮肥。

（2）追花前肥。于2月中旬至3月上旬春梢萌动时，施氮肥为主。

（3）追花后肥。于5—6月，在第一次生理落果后，及时进行根外（叶面）施肥，喷施1%~2%硫酸镁液，一般2~3次，间隔7~10天。

（4）施壮果肥。在7—9月进行，施肥应以化肥为主，并注意增施钾肥。

35 问：橘子是什么病？

重庆市　网友“北京－草莓－小蓝”

答：徐筠　高级农艺师　北京市农林科学院植物保护环境保护研究所

从图片看，是柑橘介壳虫。

防治措施

防治介壳虫最主要的2个关键时期是冬眠期和早春介壳虫还没有形成介壳时。如果错过了这2个时期，介壳已经形成，用药就会比较麻烦一点。

（1）采收后11—12月结合修剪进行清园管理，并在树干上喷石硫合剂或石油乳剂。

（2）春季防治。每年的5月中旬至6月中旬，是大多数介类的若虫期，也是防治的最佳时期。及时用化学农药喷施防治1~2次。

（3）可选的防治介壳虫药剂。25%噻嗪酮悬浮剂1 000~1 500倍液＋有机硅3 000倍液。30%毒噻乳油2 000~2 500倍液＋有机硅3 000倍液。40%速蚧克或速扑杀1 200倍液＋有机硅3 000倍液。注意药剂交替使用。

36

问：核桃是什么病？怎么防治？叶子也不正常，发黄，有黑斑？

北京市海淀区　尹先生

答：徐筠　高级农艺师　北京市农林科学院植物保护环境保护研究所

从图片看，是核桃黑斑病和缺钾症。

黑斑病防治措施

关键是早期进行药物防治。核桃发芽前全园喷1次3~5波美度石硫合剂。在展叶（雌花出现之前）、落花后以及幼果早期喷菌剂，可选药剂：1.5%多抗霉素500倍，75％多菌灵800倍，50%扑海因1 500倍。注意及时防治核桃举肢蛾害虫，从而减少伤口和传带病菌介体。

缺钾症补救措施

缺钾易出现灼叶现象（由叶缘向中心焦枯）或叶缘向里卷曲，同时，发生褐色斑点坏死，老叶先有症状。结合秋施基肥（8月20日左右）或生长季追肥时，增加硫酸钾的施用量，每亩土施3~5千克。生长季叶面喷施草木灰浸出液50倍液或磷酸二氢钾300倍液，每间隔半个月喷施1次，共喷施2~3次。

37 问：核桃树叶是怎么回事？

湖南省　网友“白云”

答：徐筠　高级农艺师　北京市农林科学院植物保护环境保护研究所

从图片看，可能是黑斑病。

防治措施

把春梢叶片病害作为防治重点。

（1）农业防治。及时中耕锄草，疏除过密枝条，增强通风透光。落叶后清洁果园，扫除落叶。

（2）药剂防治。重点保护春梢叶，秋梢叶片只需在生长初期控制，用药太多不可取。可选择的药剂有：3%多抗霉素水剂300~500倍液＋有机硅3 000倍液，10％多氧霉素1 000~1 500倍液＋有机硅3 000倍液，4%农抗120果树专用型600~800倍液＋有机硅3 000倍液，5%扑海因可湿性粉剂1 000倍液＋有机硅3 000倍液。这些农药应以多抗霉素为主，其他药交替使用。第一次花前立即喷药，第二次在花后10天，第三次在秋梢生长初期的6月底或7月初。

38 问：核桃树叶发黄，死叶是怎么回事？

河南省　网友“白龙马”

答：鲁韧强　研究员　北京市林业果树科学研究院

从图片看，核桃是严重的缺铁症。叶片失绿后由黄变至黄白色后，即会干枯。核桃树喜土层深厚、酸碱度中性的土壤。在碱性土壤上生长易缺铁。若碱性太强，可按树冠占地面积施用硫黄粉，每平方米施 130 克，撒施浅翻后灌水。树上进行叶面喷施螯合铁叶面肥矫正。

39 问：核桃上有黑点是黑斑病吗?

河南省　网友“渭南果树种植新农人阿楠”

答：徐筠　高级农艺师　北京市农林科学院植物保护环境保护研究所

从图片看，可能是核桃举肢蛾（俗称核桃黑），不太像核桃黑斑病和炭疽病。核桃病害防治关键是加强果园整体的通风透光，对旺长和背上枝在5月中旬时开始扭枝、拉枝，并且进行早期药物防治。

核桃举肢蛾防治措施

（1）刨树盘，以恶化越冬幼虫的生态环境，深刨树盘10厘米左右。

（2）地面药剂处理，毒杀即将羽化的成虫，5月中旬开始，大树每株用25%辛硫磷50克，兑水5千克喷洒树盘内外并混土。

（3）树上防治，5月下旬田间越冬代蛾已出现后（当果径2厘米左右时），及时喷药，6月中旬喷第二次药，可用25%灭幼脲三号1 500倍液进行防治。

（4）7月上中旬为落果盛期，及时收集烧毁落果，可杀死果内幼虫，降低黑果率。

核桃黑斑病防治措施

（1）核桃发芽前全园喷1次3~5波美度石硫合剂。

（2）花前、花后喷菌剂3~5次，间隔15天，可选择药剂有1.5%多抗霉素300~500倍（首选），75%多菌灵800倍，50%扑海因1 500倍液。

核桃炭疽病防治措施

应注意发病初期防治。不偏施氮肥，增施磷、钾肥。选栽抗病品种，冬季清园，发现病果及时摘除，集中烧毁或深埋。炭疽病发生前期（6月上旬）喷洒药剂，可选用苯醚甲环唑、戊唑醇等，每隔10~15天1次，连续防治2~3次。在高温、晴天时（如7月）喷保护剂1∶0.5∶200波尔多液2~3次，间隔20天。注意核桃炭疽病与核桃黑（核桃举肢蛾）的区别，及时防治核桃举肢蛾虫害。

40 问：核桃炭疽病如何防治？
陕西省　网友“渭南果树种植新农人”

答：徐筠　高级农艺师　北京市农林科学院植物保护环境保护研究所

防治措施

（1）不偏施氮肥，增施磷、钾肥。

（2）选择抗病品种，冬季清园，发现病果及时摘除，集中烧毁或深埋。

（3）炭疽病发生前期（6月上旬）喷洒药剂，可选用苯醚甲环唑、戊唑醇等防治炭疽病的药。隔10~15天1次，连续防治2~3次。（7月）在高温、晴天时喷保护剂1∶0.5∶200波尔多液2~3次，间隔20天。

41 问：板栗树上是什么虫子，怎么防治？

北京市密云区　网友“暖心”

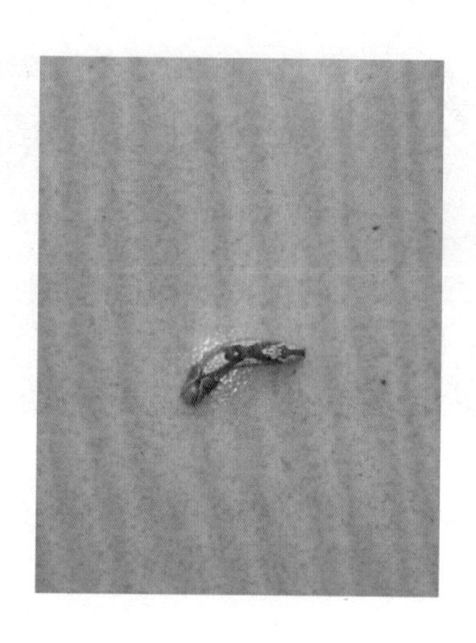

答：徐筠　高级农艺师　北京市农林科学院植物保护环境保护研究所

从图片看，是栎粉舟蛾老龄幼虫。

防治措施

（1）栎粉舟蛾以蛹在土壤里越冬，可在 6 月下旬羽化前，采取林地养鸡，松土等措施杀灭部分害虫。

（2）6 月下旬至 7 月下旬，防治成虫期用黑光灯诱杀。

（3）7 月下旬至 8 月上旬，人工振树捕杀幼虫。

（4）树上喷药防治低龄幼虫。可选药剂：25% 灭幼脲 2 000 倍液 + 有机硅 3 000 倍液；苏云君杆菌 2 000 倍液 + 有机硅 3 000 倍液。

12396
北京新农村科技服务热线
咨询问答图文精编
III
第三部分　作　物

01 问：保存在冷库里面的玉米，切开后发现芯发褐色，是怎么回事?

云南省　网友“九明   有机蔬菜栽培”

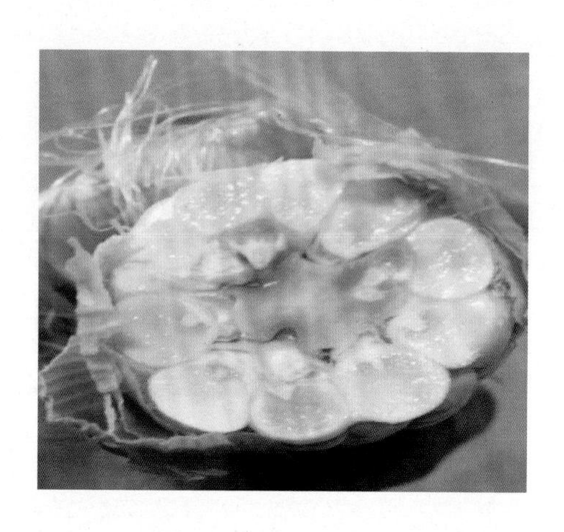

答：单福华　高级农艺师　北京市农林科学院杂交小麦工程技术研究中心

从图片看，这是鲜玉米感染了细菌造成的，也可能是玉米本身就带有病菌。发现后应该挑拣去除，避免损失进一步扩大。

玉米储藏时需要进行速冻，要有速冻间，冻透了再倒到冷冻间进行保存。芯长黑斑应该是冷冻效果不好，玉米很长时间都没冻透导致真菌滋生。请检查制冷机工作是否正常，正常制冷温度应该可以达到 −40℃ ~−25℃。还应检查冷库里的湿度以及氧气含量等指标。

建议

用户查找玉米速冻技术相关的视频进行学习，以免操作达不到技术要求，造成不必要的损失。

02 问：打下的玉米上有发霉，是怎么回事？

北京市延庆区　鲁女士

答：尉德铭　副研究员　北京市农林科学院玉米研究中心

从图片上看，是发生了玉米穗粒腐病。感病原因主要是高温多雨，湿度大，由禾谷镰刀菌、串珠镰刀菌、层出镰刀菌、青真菌、曲真菌等多种真菌侵染引起。

防治方法

清除并销毁病残体，减少病菌源。适期播种，合理密植，合理施肥，促进早熟。注意虫害防治，减少伤口侵染。玉米成熟后应及时采收，充分晾晒，减少侵染机会。另外，进行药剂拌种及药剂防治，也可减少侵染机会。

03 问：玉米穗上长出一个个的瘤子，里面有黑色的粉，是什么病?

山东省　网友“绘工轨话轨”

答：尉德铭　副研究员　北京市农林科学院玉米研究中心

玉米得了黑粉病，又名瘤黑粉病，是常见的玉米病害之一，由玉米黑粉菌侵害所致。

建议

应尽快将病穗摘除，带出玉米地深埋或烧毁。

04 问：玉米授粉不好的原因是什么？图片中的 14 个品种，联排种植，一天播种。

河南省　网友“五省联合综合直供”

答：尉德铭　副研究员　北京市农林科学院玉米研究中心

玉米整体结实不好原因很多，主要原因是授粉期间高温干旱或阴雨寡照等气候造成雌雄不协调，授粉不良或花粉活力下降，花丝受堵，造成授粉不良所致。

从图片看，您种的这 14 个品种，联排种植，一天播种，有的玉米结实很好，有的玉米结实较差，主要是由于不同玉米品种生育期不同造成的，缺粒品种，除品种本身遇到特殊气候环境表现结实性差以外，就是吐丝期花粉很少造成的。

05

问：玉米是怎么回事?

北京市　网友“潇湘阁，听雨”

答：尉德铭　副研究员　北京市农林科学院玉米研究中心

从图片看，是玉米顶腐病。玉米顶腐病可细分为镰刀菌顶腐病、细菌性顶腐病两种情况。

玉米顶腐病主要由土壤中的镰刀菌引起，一般从伤口或茎节、心叶等幼嫩组织侵入，虫害尤其是蓟马、蚜虫等的危害会加重病害发生。在玉米苗期至成株期均表现症状，心叶从叶基部腐烂干枯，紧紧包裹内部心叶，使其不能展开而呈鞭状扭曲或心叶基部纵向开裂，叶片畸形、皱缩或扭曲。植株常矮化，剖开茎基部可见纵向开裂，有褐色病变，重病株多不结实或雌穗瘦小，甚至枯萎死亡。

细菌性顶腐病在玉米抽雄前均可发生。高温高湿有利于病害流行，害虫或其他原因造成的伤口利于病菌侵入。多出现在雨后或田间灌溉后，低洼或排水不畅的地块发病较重。典型症状为心叶呈灰绿色失水萎蔫枯死，形成枯心苗或丛生苗；叶基部水浸状腐烂，病

斑不规则，褐色或黄褐色，腐烂部有或无特殊臭味，有黏液；严重时，用手能够拔出整个心叶，轻病株心叶扭曲不能展开。

防治方法

（1）加快铲趟进度，排湿提温，消灭杂草，及时追肥等措施，促苗早发，补充养分，提高抗逆能力。

（2）科学合理使用药剂。对发病地块可用广谱杀菌剂进行防治，如50%多菌灵可湿性粉剂500倍液或70%甲基托布津加“蓝色晶典”多元微肥型营养调节剂600倍液（每桶水25克）或“壮汉”液肥500倍液均匀喷雾。

06 问：玉米上是什么虫害？怎么防治？

浙江省　网友“丽水～西米露”

答：尉德铭　副研究员　北京市农林科学院玉米研究中心

从图片看，是玉米螟。

防治方法

（1）收获后及时处理过冬寄主的秸秆，一定在越冬幼虫化蛹羽化前处理完毕。

（2）在玉米螟产卵始期至产卵盛期释放赤眼蜂 2~3 次，每亩放 1 万 ~2 万头。

（3）喷洒 25% 灭幼脲 3 号悬浮剂 600 倍液，或 BT 乳剂每亩用每克含 100 亿以上孢子的乳剂 200 毫升，也可制成颗粒剂撒施。

（4）利用白僵菌粉每立方米秸秆用每克含孢子 50 亿 ~100 亿菌粉 100 克，在玉米螟化蛹前喷在垛上。

（5）用青虫菌粉 0.5 千克拌细土 100 千克，点施在心叶上。

（6）用黑光灯诱蛾结合田间查卵，掌握产卵数量和孵化进度及田间为害情况，当春玉米心叶末期花叶株率达 10% 时进行普治。超过 20% 或百株着卵 30 块以上需再防 1 次，夏玉米心叶末期防 1 次，穗期当虫穗率达 10% 或百穗花丝有虫 50 头时要立即防治，药剂可选用 50% 杀螟单可溶性粉剂 100 克对水灌心叶，或 0.1% 功夫颗粒剂每株 0.16 克。也可喷洒 5.7% 百树菊酯乳油 4 000 倍液，或 40% 增效速灭杀丁或 5% 来福灵乳油 2 000 倍液，此外，还可选用滞留熏蒸法。

07 问：受天气影响，廊坊一带小麦播种较晚，春季刚出齐苗，返青正常，对此类麦田如何加强管理?

河北省　网友“五省联合综合直供”

答：单福华　高级农艺师　北京市农林科学院杂交小麦工程技术研究中心

2017年秋冬季节，华北麦区都没有有效的雨雪，致使小麦播种较晚，出苗受到影响。这种情况建议加强早春管理，结合土壤情况，早施肥、早浇水，促进分蘖生长，这样才能抓到穗数；到拔节期再追施尿素肥料，保住粒数；注意浇好灌浆水和防治蚜虫白粉病，稳住粒重，后期结合防病治虫一起进行喷施叶面肥，这样多管齐下、循序渐进，才能达到保稳产、促增收的目的。

08

问：山东潍坊最晚什么时候种小麦?

山东省寿光市　辣椒种植户

答：单福华　高级农艺师　北京市农林科学院杂交小麦工程技术研究中心

山东潍坊种植小麦的最佳时间是9月25号至10月10号，最晚不能超过10月20号。太晚播种年前积温太少，生长量不足，影响产量。

09 问：新出的麦苗黄尖是怎么回事？

北京市房山区　网友“沉默”

答：单福华　高级农艺师　北京市农林科学院杂交小麦工程技术研究中心

新长出的小麦叶尖发黄，先要检查一下是否有蚜虫、麦圆蜘蛛、潜叶蝇等害虫发生为害，它们会导致叶片发黄。如果有，可用高效氯氰菊酯、吡虫啉、啶虫脒等药剂喷雾防治。

如果没有，需从以下几个方面分析是否是导致小麦黄尖的原因。

（1）整地。整地粗放，还田秸秆粉碎不彻底，种子不能和土壤充分接触易造成小麦黄苗。

（2）土壤因素。麦田土壤盐碱较重、除草剂危害也会造成小麦黄苗。

（3）肥料因素。麦田缺氮造成的植株矮小细弱，分蘖少，叶片发黄、叶尖枯萎，下部老叶发黄枯落。土壤缺磷造成小麦次生根极少，分蘖少，叶色暗绿，叶尖发黄；新叶蓝绿，叶尖紫红。土壤缺钾的地块，发黄先从老叶的尖端开始，然后沿叶脉向下延伸，黄斑明显，呈镶嵌状发黄。黄叶下披，后期贴地，病苗茎秆细小瘦弱，易早衰。

（4）播种深度。小麦播种过深、群体过大等也能致使小麦叶尖发黄。

请用户对照查找原因，针对性进行解决。

10 问：小麦叶子发黄是什么病?

湖北省　王先生

答：单福华　高级农艺师　北京市农林科学院杂交小麦工程技术研究中心

从图片看，可能是小麦叶锈病。

防治方法

（1）药剂拌种。小麦播前选用种子量 0.2% 的 3% 苯醚甲环唑悬浮种衣剂，或种子量 0.06% 的 6% 戊唑醇悬浮种衣剂拌种包衣，兼治小麦腥黑穗病、白粉病等病害。

（2）喷药防治。病叶率达 10% 以上时，喷施 20% 三唑酮乳油 1 000 倍液，或 12.5% 烯唑醇可湿性粉剂 2 000 倍液，重病田块间隔 10~15 天连防 2 次。

（3）重视栽培防病措施的应用。选用抗病丰产良种；适期晚播，减少秋苗发病程度，降低病菌越冬基数；小麦收获后及时翻耕灭茬，消灭当地越夏菌源；善管肥水，提高根系活力，增强植株抗耐病力。

11 问：谷子生虫子，打药也不死，怎么治？

北京市密云区　网友“赵”

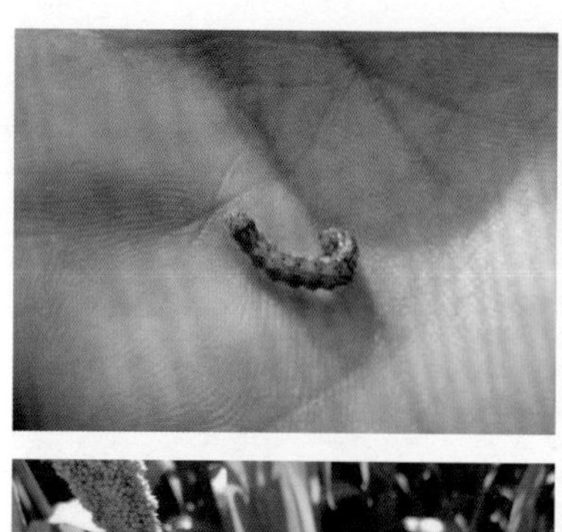

答：单福华　高级农艺师　北京市农林科学院杂交小麦工程技术研究中心

从图片看，应该是二化螟。

防治措施

推荐用氯虫苯甲酰胺或甲氧虫酰肼、乙基多杀菌素喷雾防治。

12 问：谷子前几天还黑绿色，这几天是黄色的？

北京市延庆区　网友“绿色养殖”

答：单福华　高级农艺师　北京市农林科学院杂交小麦工程技术研究中心

从图片看，看长势好像是脱肥了，底肥有机肥不够，后期跟不上力气了。

谷子从抽穗期开始需肥量逐渐增加，特别在生育期最后的30~40天内，需肥量占全期75%以上。因此，要结合深耕施足底肥，每亩厩肥2 000~4 000千克。如果底肥不足生长后期就会失绿脱肥。

建议

利用降水，雨前每亩撒施尿素15千克；或进行根外追肥，在有露水时，或降水后，用200克磷酸二氢钾，加水50千克进行叶面喷雾。或喷施2%的尿素水溶液叶面喷雾。延长功能期。

13 问：谷子叶片有白色的斑点，是什么病？

北京市延庆区　吴女士

答：单福华　高级农艺师　北京市农林科学院杂交小麦工程技术研究中心

从图片看，谷子心叶卷曲，没能展开，比较像谷子白发病，是一种真菌病害。检查植株叶片背面是否有白色霉状物，如果有就是感染了谷子白发病。谷子染病后，从幼苗到成熟期表现出不同的症状。

幼芽严重感病，出土前即枯死，称芽死。幼苗出土后，叶片上产生黄色条纹，叶背面产生灰白色霉状物，称为“灰背”。随着植株继续生长，心叶往往不能展开，谷叶发白，卷成筒状，称为“白尖”。白尖变褐枯死，病株直立田间，形似“枪杆”。病叶叶肉组织被破坏后，仅留黄色叶脉，分裂成细丝，呈乱发状，即是白发病的典型症状。有些病株虽能抽穗，但穗多呈畸形，内外颖变成叶片状，谷穗形似刺猬，所以，称为“刺猬头”或“看谷老”。

如果叶片背面没有白色的霉状物，再看看是否有食叶的害虫。

14 问：花生叶一片一片地黄，是什么原因？

河北省 网友“强强，衡水，果树种植”

答：单福华 高级农艺师 北京市农林科学院杂交小麦工程技术研究中心

花生叶片发黄原因较多，主要有土壤干旱；缺氮肥；缺微肥特别是缺铁、缺锌等。从图片看，植株下部叶片发黄，像缺氮症状，同时，土壤较干旱，这可能是造成叶片发黄的主要原因。

15 问：红薯叶子卷，茎上有红点，是什么病，怎么防治？
广东省　网友“广东～香芋，红薯，胡萝卜种植”

答：尉德铭　副研究员　北京市农林科学院玉米研究中心

红薯叶子卷，茎上有红点，可能有卷叶虫、红薯天蛾、斜纹夜蛾等害虫。

防治方法

可用乐果、敌敌畏和杀螟松等杀虫药，按正常用药说明使用，在午后喷杀。

16 问：红薯开裂是什么原因？

广东省　网友“广东～香芋，红薯，胡萝卜种植”

答：尉德铭　副研究员　北京市农林科学院玉米研究中心

红薯开裂的原因有如下几种。

（1）长期连作，土壤钙，硼等微量元素缺乏，或施肥不合理，土壤其他元素太多，影响了钙、硼的吸收。

（2）水分骤变，块根形成层细胞活动旺盛，表皮细胞活动能力弱，生长膨大不协调，造成裂果。

（3）品种老化，抗病抗逆性降低，感病品种和结薯浅的品种易裂果。

（4）病虫为害，如茎线虫、黑痣病、金针虫、蛴螬为害等。

防治方法

（1）合理轮作，深翻改土，提高土壤保水保肥能力，实行测土配方施肥，N、P、K 配合，增施腐熟的有机肥料。结薯期叶面喷施钙肥、硼肥，诱导地瓜抗逆抗病，块根膨大协调，防止裂果。

（2）选用抗病品种。

（3）及时防治病虫害。

（4）加强田间管理，合理运筹肥水，及时中耕培土，注意裸露地瓜培土，防止龟裂。

17

问：花生一连好多棵都死了，每垄都是开头那几棵严重，其余的不是这样，是怎么回事？

河南省　网友“向日葵”

答：张有山　研究员　北京市农林科学院植物营养与资源研究所

从描述结合图片看的情况综合分析如下。

（1）排出重茬的因素，不是烂根，不是成片的死而是集中在每垄的前几棵，就是横着看也是一条地出现死苗。

（2）当地土壤不是盐碱地就可以排除因土壤所致，从图片看根不是因盐碱造成的。

（3）从以下几方面找原因。是否在地头配制农药导致熏苗，是否在地头拌过含氨气的化肥如氨水，是否采用了对路的药剂拌种，对死苗的局部地方采取过特殊的措施没有。因实地情况不同，只能做个大概分析，建议再仔细观察对比，用坏苗和好苗从地上部和地下部找出主要不同症状研究其不同的管理措施再分析。

第四部分　食用菌

01 问：香菇部分菌袋污染了，如何处理和防治？
河南省　网友“彩屏”

答：陈文良　研究员　北京市农林科学院植物保护环境保护研究所

香菇菌袋污染的主要原因可能是热力消毒不彻底，菌种生活力不强，或者通风换气不够等综合原因造成的。

防治措施

（1）污染的菌袋应及时处理，可拿出大棚集中用火烧掉，避免传染其他菌袋。

（2）菇房不通风或温度高容易造成污染，因此，放置菌袋的大棚要注意通风换气，棚内温度最好保持在20~22℃，控制不要超过25℃。香菇培养温度不能太高，否则污染会加重。

（3）菇房用必洁仕牌二氧化氯消毒剂5 000倍液喷雾消毒，消灭链孢真菌、毛真菌等各种杂菌侵染原。正常情况下，如果配5千克药水，需要加入A剂药片1克，B剂5毫升，让其充分溶解后即可喷雾。喷雾要均匀细致，不留死角。

（4）培养过程中经常注意倒袋，发现污染袋应及时淘汰。这样不仅能及时发现问题，而且倒袋还能够增加通风换气的频率和力度。

02 问：平菇部分菌袋出菇小、菌盖有腐烂，是怎么回事，怎么防治?

北京市　网友“陈 有机蔬菜 食用菌”

答：陈文良　研究员　北京市农林科学院植物保护环境保护研究所

平菇菌袋是被螨虫或细菌感染所致。一般情况下，栽培料中有螨虫，出菇时就出现这种症状；如果栽培料没有消毒，或者浇水过多，细菌发生严重时，也会出现这种情况。

防治措施

（1）在平菇拌料时，应使用30%克螨特可湿性粉剂1 000倍液拌料、或者使用菇净1 000倍液拌料进行防治，避免平菇出菇期螨虫发生为害。

（2）在平菇装袋前，使用必洁仕牌二氧化氯消毒剂5 000倍液稀释液拌料，能够有效杀灭细菌危害。注意在出菇管理期间，不要直接向子实体上面喷水，以防止细菌侵染。

03 问：生产用的香菇菌种，能够接种使用吗？
河北省　网友“顾先生”

从图中看，用户的菌种是生产袋，是用来出菇的，最好不要当作菌种使用，否则，存在一定的风险。

如果一定要坚持用来接种使用，那么必须要进行筛选。凡是污染的，有菇蕾老化的和松散不成块的菌袋，绝对不能用作接种，否则，极易造成新的污染，造成不必要的损失。

04 问：平菇菌盖上有个小窝，是什么原因造成的？

山东省　网友"寿光蔬菜种植"

答：陈文良　研究员　北京市农林科学院植物保护环境保护研究所

从图片看，平菇菌盖上有个小窝属于正常情况。这是由于菌盖连接菌柄，水分供应相对充分，此处水分蒸发较慢；菌盖底部受光较差，形成颜色较其他部分淡，此现象不会影响正常出菇和产品质量。

问：家养的平菇菌袋应如何摆放，两端袋口需要解开吗？

山东省　网友“绘工轨话轨”

答：陈文良　研究员　北京市农林科学院植物保护环境保护研究所

平菇菌袋应平放在架子上，菌袋的两端要打开口，好让其顺利出菇。

打开菌袋口后，要给予下列的条件，才有利于出菇。

（1）平菇的出菇温度。一般品种在5~28℃都可以出菇，最佳出菇温度为8~16℃，在每年的10月至翌年的3—4月为温室、大棚和室内的适宜出菇期。

（2）出菇时，菇房的相对湿度保持在85%~90%，最高不要超过95%，为此菇房每天要喷水2~3次，保持地面和空气的潮湿的环境。

（3）出菇前后，给予散射光的条件刺激，利于出菇。

06 问：平菇袋栽出菇口处发黄发黑，是怎么回事?

山东省　网友“绘工轨话轨”

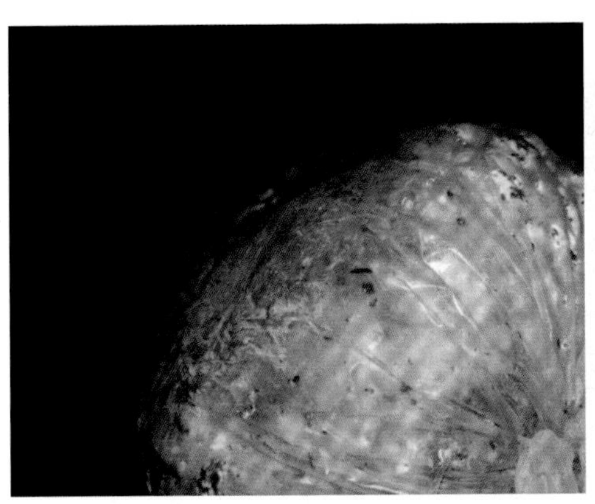
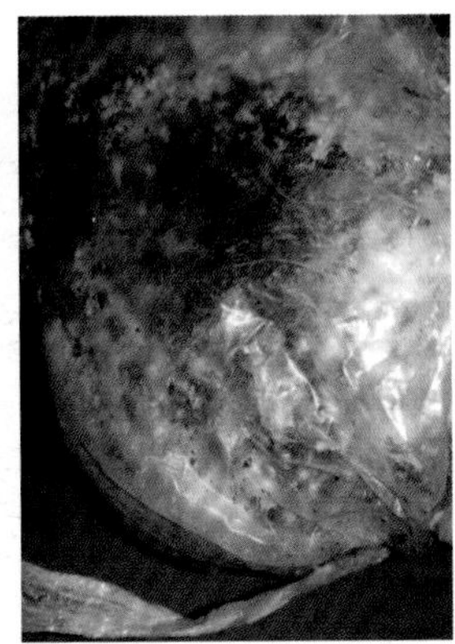

答：陈文良　研究员　北京市农林科学院植物保护环境保护研究所

菌袋袋口出现发黄发黑现象，是被黑根霉等杂菌污染造成的。

建议

在制作平菇菌袋时，含水量不要过大，拌料时加入1%~2%的生石灰，提高培养料的pH值，适当加大接种量。

菌袋培养期间，加强通风换气，经常喷雾必洁仕牌二氧化氯消毒剂5 000倍液消毒，能够减少或者控制杂菌污染。

07 问：制作黑鸡枞菌棒基料混配后出现污染和生了虫子，是什么原因，如何解决?

北京市大兴区　金珠满江农业有限公司　孙女士

答：陈文良　研究员　北京市农林科学院植物保护环境保护研究所

从图片看，菌袋发生了杂菌污染和菌蚊幼虫的危害。

使用必洁仕牌二氧化氯消毒剂 5 000 倍液喷雾，可以防治杂菌污染。

菌袋消毒彻底和避免连作，适当控制温度和相对湿度，加强管理，经常通风换气，是防止菌蚊幼虫发生的根本措施。防治方法，可使用菇净 1 000 倍液喷雾，可以防治菌蚊幼虫；也可以使用高效氯氰菊酯或者溴氰菊酯 3 000 倍液喷雾，此药只限于出菇之前使用。

08 问：平菇菌袋出菇时长鬼伞，是怎么回事？

四川省　杨先生

答：陈文良　研究员　北京市农林科学院植物保护环境保护研究所

菇房管理不到位，容易出现菌袋污染或者生长鬼伞。

建议

（1）正确进行温度的调控。平菇子实体的形成和生长，一般在 5~25℃温度下都能正常出菇；温度过高，则菇品质量下降，并且容易出现菌袋污染，或者生长鬼伞。因此，菇房温度应该控制在 8~18℃最为有利，最高不要超过 25℃。

（2）加强水分管理。出菇期菇房要保持湿润，相对湿度要控制在 85%~95%，不要低于 80%，也不要高于 95%。要经常在菇房喷水保持湿度，注意不能直接往菌袋上面喷水，否则，易引起烂菇，也容易造成菌袋污染。要保持菇房的相对湿度，关键要向地面多喷水，一天内要喷水 2~3 次水，干燥天气可多喷。

（3）经常通风换气。要保持菇房空气新鲜，空气中的二氧化碳浓度不要超过 0.1%。通风换气的方法是：掀起日光温室前边的塑料布 50~100 厘米宽，温室后墙也要设有通风孔。

（4）注意光照管理。形成子实体时，却需要足够的散射光，增强散射光的照射可诱导子实体原基分化，有利于子实体正常发育，促其早熟多出菇，也能够减少菌袋污染，减少鬼伞的发生。

（5）避免连作，减少侵染源，也是减少菌袋污染的重要措施。

09 问：平菇菌袋链孢霉污染了，怎么办？
贵州省　彭先生

答：陈文良　研究员　北京市农林科学院植物保护环境保护研究所

平菇菌袋链孢霉污染，应该采取下列防治措施。

（1）污染的菌袋应及时处理，移出菇房，用火烧掉或者深埋，避免传染其他菌袋。

（2）菇房不通风或温度高容易造成污染。放置菌袋的房间要通风，菌袋培养期间，温度保持在 22℃左右；在出菇阶段，温度保持 10℃左右。菇房要保持通风换气的条件。

（3）菌袋摆入菇房之前，应该用必洁仕牌二氧化氯消毒剂熏蒸消毒，用药量每立方米为 0.25 克，能够消灭各种食用菌竞争性杂菌。菌袋摆入菇房后，有链孢霉污染的背景下，菌袋出菇之前，用药量每立方米用 1 克熏蒸，能够有很好的防治效果。

（4）菇房在出菇的情况下，就不用熏蒸方法了。可以用必洁仕牌二氧化氯消毒剂 5 000 倍液喷雾消毒，消灭链孢真菌侵染原。每 3~5 天喷雾 1 次。喷雾要均匀细致，不留死角。

10 问：冬季特别冷，香菇棚没能上冻水，管子就冻实了，蘑菇都像栗子那么大了，来年暖和了还能出菇吗？

河北省　香菇种植户

答：陈文良　研究员　北京市农林科学院植物保护环境保护研究所

这种情况明年春季天气变暖后还能够继续出菇，不必太担心。明春当菇棚内气温达到10~15℃，空气相对湿度保持85%左右，有散射光条件下，就可以正常出菇了。

目前，棚内菌袋有小菇蕾的，可以移入条件合适的地方出菇；没有合适条件时，仍然放在原处，等待明年出菇也可以。

11 问：杨树木屑和醋渣可以种植什么食用菌？平菇菌棒大小影响产量吗？

甘肃省　任先生

答：陈文良　研究员　北京市农林科学院植物保护环境保护研究所

（1）杨树木屑可以种植金针菇、香菇、黑木耳等食用菌。不过在杨树木屑中，需要添加麦麸和矿物质，以增加营养提高产量。这种菌棒生物学效率能够达到 80%~100%，可以采收 2~3 潮商品菇。

（2）醋渣能够用来种植平菇。拌料时，需加入 3%~5% 的生石灰，以降低醋渣的酸度。为避免损失，需先小面积试验成功后，再大面积种植。

（3）平菇菌棒大小对产量没有明显的影响。

12 问：香菇是怎么回事?

河北省　网友“河北，香菇”

答：陈文良　研究员　北京市农林科学院植物保护环境保护研究所

从图片看，在出菇阶段管理上，很有可能是由于菌袋含水量偏大，或者浇水过多，子实体上面着水，空气湿度过大，而又缺乏通风换气所造成的。

建议

加强通风换气，给予菇房适宜的温度管理，散射光照，控制浇水，子实体上面不要喷水，情况就可能好转。

第五部分 花 卉

01 问：花的叶子中间长有青虫，是什么虫子，怎么防治？
北京市　网友“天使”

答：周涤　高级工程师（教授级）　北京市农林科学院蔬菜研究中心

从图片看，这是小灰蝶的幼虫。该虫雌蝶停留在幼嫩叶片缝隙或芽尖产卵，幼虫通常在为害部位遗留有黑绿色颗粒状粪便。

防治措施

用防治小菜蛾的杀虫剂都有效，但考虑到家庭盆栽虫口密度不大，因此，不建议使用农药防治，可以人工摘除幼虫。

人工除虫后，盆栽花卉如照片中的长寿花可以剪掉受侵害的枝叶，彻底销毁清除虫源，结合换土，短时间后植株可以恢复生机。

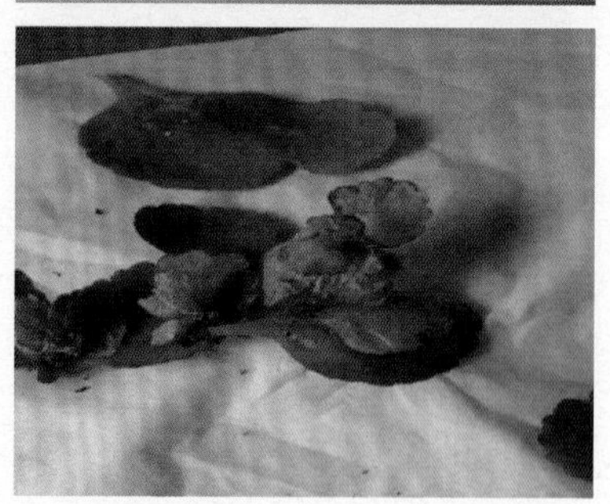

02 问：家里养的君子兰怎么不开花？

北京市　网友“谭　北京平谷　桃园”

答：周涤　高级工程师（教授级）　北京市农林科学院蔬菜研究中心

正常养护的君子兰生长 2~3 年，叶片达到 10~15 片叶时就能开花。

君子兰不开花的原因，有以下几点。

（1）栽培土不合适。君子兰适宜的培养土配方是：阔叶腐殖土 30%、针叶腐殖土 20% 、马粪土 20%、炉灰渣 10%、河沙 10%、骨粉和炒过的麻籽与芝麻 10%，混合均匀。这样做出来的培养土富含有机底肥，土壤呈微酸性且疏松透气、排水性好，有利于肉质根生长和养分吸收。此外，尽量不要用塑料盆等不透气容器进行栽培，而应选用陶盆、紫砂盆为宜。

（2）缺肥或肥料不均衡。春季温度回升的生长旺盛期应以氮肥和钾肥为主。磷肥可以促进开花，入秋后花期前应追施磷酸二氢钾，可间隔 10 天左右随水浇灌。应当注意，浇灌水或土壤为弱碱性时，一些微量元素如铁、钙等不能被根吸收，易造成缺素，影响开花。盆土过湿或托盘长期存水，容易造成根吸收障碍，应避免。浇水要有规律，过多过少都会影响开花。

（3）温度过高过低影响开花。君子兰生长的适宜温度为 10~30℃，夏季温度超过 30℃会造成叶片薄，细长，生长停滞等，冬季低温则易引起冷害冻害。因此，夏季需要防暑降温，冬季则需要注意加温保暖。

（4）长期缺光影响开花。君子兰应放置有散射光，通风良好的地方。一般情况下，秋冬季是君子兰的花芽分化期，需要充足的柔和光照，应注意让其多见光；夏季则应避免强光直晒，灼伤叶片。

（5）株形不对称影响开花。见光均匀是保证植株均衡生长的必要条件，应 1 个月转一下花盆，保证叶片对称均衡的生长。

03 问：图中是空气凤梨吗？可以种在土里吗？

北京市　网友“北京忆秦娥 – 丰台花卉种植”

答：周涤　高级工程师（教授级）　北京市农林科学院蔬菜研究中心

从图片中叶形的形态上看，具有附生凤梨类型的特征，应是附生凤梨。

大家所俗称的“空气凤梨”，并不是规范的凤梨科植物的分类名称，人们通常把具有附生性特征的凤梨称为“空气凤梨”。在原生境为热带和亚热带雨林或干旱的山地中，它们常附着于树干、石头、悬崖缝隙等地方。因此，附生凤梨不适合种在通常认知的狭义的土里，而应种植在适合其攀附生长的土壤生态中，用户可根据需求进一步查阅相关资料。

04 问：龙血树叶片上有斑点是怎么回事?

辽宁省　网友“邢聚丰椰糠泥炭”

答：周涤　高级工程师（教授级）　北京市农林科学院蔬菜研究中心

从图片上看，是缺肥导致的生理性病害，原因应该是根际土壤偏碱性致使养分不能正常吸收；或者是环境干燥，叶面气孔关闭，造成蒸腾作用减弱，导致养分吸收障碍；另外，环境通风不良，室温过低也会造成叶片失绿变黄。

此外，也有可能是叶螨为害。发生叶螨为害时，初期叶片上有黄色斑点，严重时连成片。成虫吸食枝叶，造成叶片失绿，严重时叶片枯萎。需要检查一下全株茎叶，尤其是叶的背面，是否有红色螨虫。因为冬季北方室内温度高、相对湿度低、通风不良的环境容易诱发叶螨。

防治措施

北方养护龙血树，增加冬春季节环境相对湿度是关键。

冬季不宜施肥，可在浇灌水中加柠檬汁液，用酸性水浇灌降低根际土壤酸碱度，促进养分吸收。在无风天气，中午温暖时段，可短暂进行通风，注意不能让冷空气直接吹向植株。此外，应经常用湿布擦拭叶片，尽量增加叶片湿度，可促使叶面气孔张开，增加蒸腾作用，提高根际吸收能力，改善植株整体营养状况。

上述措施在冬季可以有效提高植株生长势，使叶片转绿，舒展。到春季后，应正常施肥，同时，保持用酸性水浇灌，对其生长有利。

05

问：郁金香种球大量发生腐烂，是什么病？如何预防和治疗？

北京市　网友“北京忆秦娥－丰台花卉种植”

答：周涤　高级工程师（教授级）　北京市农林科学院蔬菜研究中心

从图片上看，这种症状是运输中种球受到挤压或因环境温度不利造成种球组织损伤，然后又受到环境病原侵染而导致的郁金香基腐病。这种情况在郁金香进口种球和生长早期发生普遍，程度和染病数量轻重不一。在郁金香生长期间，该病害能导致茎叶枯萎死亡，症状较轻的也会引起花芽萎蔫而不能正常开花。

有研究表明，通常分离到的病原菌有尖孢镰刀菌和串珠链孢菌，是真菌性病害。防治措施应以预防为主。一是在运输过程中，注意做好防护，减少对郁金香球体的伤害，减少发病机会；二是贮藏前对储藏室进行熏蒸，对种球进行选种消毒；三是种植前对土壤进行处理，如使用多菌灵进行土壤消毒后再行种植。

06 问：室内盆栽想增加土壤透气应当怎么办？能放蚯蚓吗？

河北省　网友“rain”

答：张有山　研究员　北京市农林科学院植物营养与资源研究所

室内盆栽想要增加土壤的透气性，可从 2 个方面进行考虑。

（1）从土壤本身想办法，如果土壤属于黏性土壤可以适当加些沙性土，即所谓黏掺沙改良土壤质地，但要掌握加沙的多少，加多了就容易漏水漏肥。

（2）增加土壤有机质，可施用一些经过发酵的有机肥料。有机质能够改变土壤不良的理化性状，降低土壤的容重，增加土壤的通透性。

至于在花盆中加入蚯蚓好不好，业界说法不一。蚯蚓在土壤中通过其活动有松土的作用，这一点是有利的。由于花盆容积相对较小，蚯蚓多了也有不利影响。因为蚯蚓靠吃有机质为生，如果土中有机质少了，它就会以花盆中的植物为食，特别是肉质根的花卉就要受害。同时，蚯蚓太多容易造成漏水漏肥，容易滋生细菌，影响室内卫生和花盆里的植物生长。因此，在室内花盆中放蚯蚓来进行松土的做法，不建议采用。

07 问：山东省济南市10月能不能给龟背竹换土，需要注意什么？

山东省济南市　网友“巫山一段云”

答：周涤　高级工程师（教授级）　北京市农林科学院蔬菜研究中心

山东省济南市10月可以对龟背竹进行换土，但最佳换土时间是春季。一般情况下，龟背竹养殖，家庭室内温度能保持在15~25℃时可以进行秋季换土。用园土、河沙、腐叶土混合，适量补充磷钾肥与土壤混合。施肥不能过多，因为龟背竹生长进入减缓的季节。结合换土可以将老叶病叶剪除，盆土保持湿润，疏松，不能过干或过湿。放置在有散射光照的地方，保持通风良好。为了弥补北方空气干燥的不利条件，应经常用柔弱的湿布擦拭叶片。

08 问：富贵竹根部发锈，叶片有干斑块，有叶片干枯，是怎么回事？

北京市大兴区　潘先生

答：周涤　高级工程师（教授级）　北京市农林科学院蔬菜研究中心

富贵竹对环境要求较高，通常空气干燥、环境温度低时会出现叶片干枯。出现根部发锈，说明根系老化，吸收功能减退应当是叶尖干枯的原因。可以剪掉老根老茎，重新换水养护，保证环境温度15℃以上。要求容器、水清洁忌油污，自来水需要晾晒后使用。

09

问：玻璃温室内红掌的叶片颜色变成锈褐色，是什么问题?

浙江省　网友“丽水～西米露”

答：周涤　高级工程师（教授级）　北京市农林科学院蔬菜研究中心

从图片看，症状像是细菌性病害导致的枯萎病或叶斑病。诱因主要是病原菌通过茎、叶上的伤口，或者通过植株上气孔、叶缘吐水孔强制侵入，借助飞溅水滴、棚膜水滴下落或结露、叶片吐水、农事操作、雨水、气流传播蔓延。病害除了经由病株的接触或植株表面带菌水滴落植株表面的传播外，工作人员受污染的双手、衣服、采花切叶的工具、飞溅的雨水、污染的灌溉水、带菌的介质以及带病菌的鞋子、车轮等都是其传播的途径。

适宜发病温度为 24~28℃，相对湿度 70% 以上均促使细菌性病害流行。昼夜温差大、露水多，高温和多雨季节为病害盛发期以及阴雨天气整枝时损伤叶片、枝干伤口、气候发生急剧变化。另外，温室栽培过密、生长迅速时易病重，植株下部老叶病重，温暖湿润时病重。

10 问：想栽一些能过冬的真花，北京市有什么花可以长期户外生长？

河北省　殷女士

答：周涤　高级工程师（教授级）　北京市农林科学院蔬菜研究中心

北京市地处温带，属于温带季风性气候，四季分明。除真叶树外，其他包括阔叶树、灌木等在内的植物在秋末入冬或早或晚均落叶，当然也包括 1~2 年生草本和多年生宿根花卉，随着降温，也会完成它们的一个生命周期。所以，正常情况下冬季户外是看不到真花开放的。

上面提到的多年生宿根花卉植物，入冬后虽然地上部茎叶枯死，但根部以休眠芽的状态可以越冬存活。翌年春天，随着土壤解冻，气温升高后就会恢复生机。宿根花卉的种类很多，常见的芍药、玉簪、鸢尾、宿根亚麻、菊芋、宿根鼠尾草、射干、八宝景天等，都是一季种植后可以多年生长的宿根花卉种类。

11 问：琴叶榕的新叶有红褐色斑点产生，是病害吗，产生的原因是什么？
浙江省　网友“丽水～西米露”

答：周涤　高级工程师（教授级）　北京市农林科学院蔬菜研究中心

从图片看，应当是真菌引起的病害。一般室内养护时向叶面浇水，通风不畅，顶芽积水时间过长时容易发生。应放在室内通风良好的地方，增加环境空气流动。浇水后可用软布轻轻擦拭叶片顶芽多余的水滴。盆土可定期浇灌多菌灵等杀菌剂。

12 问：这是什么花？是得什么病了吗？

河北省　殷女士

答：周涤　高级工程师（教授级）北京市农林科学院蔬菜研究中心

这株植物是百合竹。从图片看，植株生长势弱，叶片下垂，叶色有枯黄的现象。

可能是原来生长环境的不利条件，如低温、长期缺光、相对湿度低空气干燥、通风不畅等或是缺肥、土壤板结根系生长不良造成的生理病害。

百合竹喜高温湿润环境，生长适温 20~28℃，忌强烈阳光直射，适合室内散射光照条件，越冬要求 12℃以上，冬季干燥易引起叶尖干枯。通常 2 年换一次土，一般春季 3—4 月进行换盆。

进入秋季可进行施肥。先进行松土，改善土壤板结的状况，增加根部通透性。浇灌硫酸亚铁土壤至微酸性，促进养分吸收，浇灌观叶植物专用肥。控制浇灌频率，一般表土干至 3~5 厘米时浇灌，浇则浇透。

应当结合整形修剪干枝枯叶，保持环境通风良好，增加环境湿度，有利于新叶萌发。

问：玉簪叶子发黄了是怎么回事?

北京市大兴区　王女士

答：周涤　高级工程师（教授级）　北京市农林科学院蔬菜研究中心

从图片看，玉簪植株长势总体较弱，表现在叶柄细弱，叶片薄且有发黄的现象出现。

分析可能与长期光照不足，浇灌过多，或排水不畅，盆土长期过湿导致根系活力降低或缺肥有关。秋末以后随着气温和地温逐渐降低，植株生长出现停止进入休眠状态，叶子也会逐渐变黄直至入冬后地上部全部枯萎，是正常的生理过程。

问：一般温室内的水培观赏类植物中主要有哪些花卉？
北京市海淀区　农博科温室　赵先生

答：周涤　高级工程师（教授级）　北京市农林科学院蔬菜研究中心

水培植物种类很多，主要集中在天南星科、鸭跖草科、棕榈科、莎草科、五加科、桑科、胡椒科、竹芋科、禾本科、茜草科、夹竹桃科等科属。

花卉方面，木本花卉有鹅掌藤、发财树、巴西铁、榕树（人参榕）、朱蕉、印度橡皮树和海南菜豆树；球根花卉有风信子和水仙；多肉多浆花卉有芦荟、长寿花、仙人球和山影拳；垂吊花卉有常春藤、绿萝、吊兰和吊竹梅；蕨类植物有铁线蕨和鸟巢蕨。常见观花的有红掌、长寿花、风信子、君子兰、果子蔓凤梨等。观叶的有白网纹、红网纹、朱蕉、虎尾兰、短叶虎尾兰、金边富贵竹、银边富贵竹、彩叶粗肋草、白肋万年青、花叶万年青、观音莲、绿萝、合果芋、果子蔓、常春藤、吊竹梅、吊兰、巴西铁和孔雀竹芋。

15 问：放置室内的天堂鸟叶子上出现很多斑点，是怎么回事？

福建省　网友“福建－园林－当归”

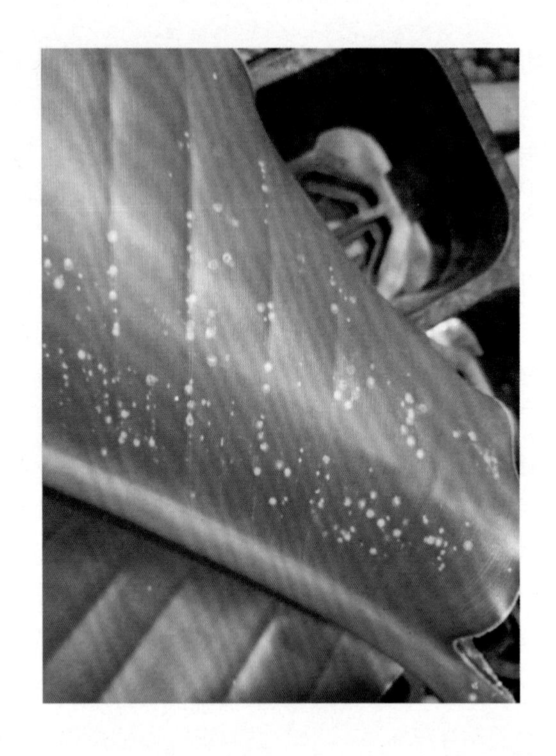

答：周涤　高级工程师（教授级）　北京市农林科学院蔬菜研究中心

从图片看，天堂鸟受到叶螨为害的可能性大，可仔细检查叶背面是否可见朱砂色的虫体，成螨大小为 0.5 毫米左右。严重时，叶片可出现卷曲，影响生长开花。一般这种虫子在环境高温干燥通风不畅时暴发，应当及时开窗通风，或定时将花木放置到通风好的地方。

16 问：火鹤买回来半月，出现花序萎缩叶片黄化问题，是怎么回事?

河南省　花卉种植户　丁先生

答：周涤　高级工程师（教授级）北京市农林科学院蔬菜研究中心

盆栽花卉生长状态与环境密切相关，改变环境后需要一个适应过程。第一张图片可以看到肉穗花序尖端萎缩，其中，一个因素就是环境相对湿度变化。在花卉市场里通常有很多植物摆放在一起，小气候环境相对湿度高，是火鹤理想的湿度条件。用户买回来后，这个小气候没有了，造成肉穗花序加速老化，尖端萎缩。

火鹤对土壤要求较高，采用泥炭土混合大颗粒珍珠岩作为栽培土比较理想，这样的栽培土透气性良好，对其肉质根生长有利。同时，要求土壤干净，不含病原菌，买回来的盆栽火鹤土质不合适的话，应该换土。可以查看买回来的盆土是否疏松，有无掺杂废弃物等不洁物料。

此外，盆栽植物容器容积和植株大小要匹配，不能容器过大，过深。从图片看，火鹤花盆过大过深，容易造成浇水后盆土持水时间过长，造成根部土壤缺氧，影响养分吸收。时间长了可造成植株长势弱，引发生理性病害，也易感染其他真菌、细菌性病害。而且容器过深，容易造成下层盆土长期过湿，不利于生长发育。

照片上的病斑是典型的细菌性叶斑病的症候，需要进行防治。除了首先改善上述的不利因素外，还要剪掉病叶，用浓度为72%的硫酸链霉素4 000倍液、新植霉素5 000倍液轮换使用，每周喷1次，喷3次就应该有效果。

问：发财树叶子发黄严重是什么原因造成的？怎么解决？

江西省　网友“家养植物新手”

答：周涤　高级工程师（教授级）　北京市农林科学院蔬菜研究中心

从图片看，这棵发财树的情况是营养不足造成的，建议春天及时换土，因为冬季不适合倒盆换土。目前需要剪掉黄叶，放置在环境温度15℃以上，阳光充足，通风良好，湿润的环境中，否则，冬季干燥时容易掉叶。

问：绿萝有时浇水不及时，变黄是怎么回事?

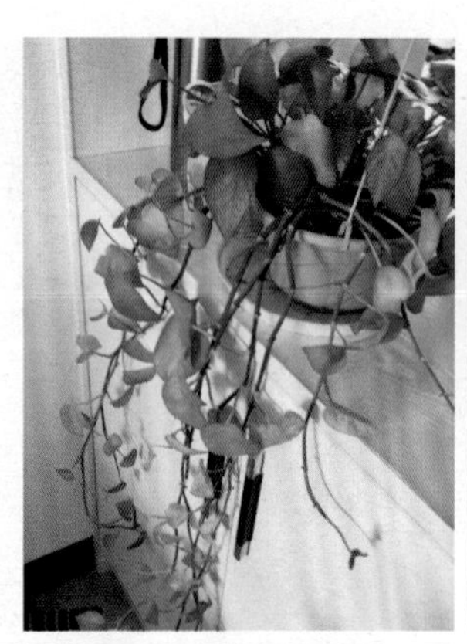

答：周涤　高级工程师（教授级）北京市农林科学院蔬菜研究中心

盆栽花木浇水的频率与盆土的成分、植株与盆的相对大小、植株放置的位置等因素有关，不能千篇一律，应及时观察盆土湿度，适时浇灌。

从图片看，这盆绿萝应有过过度缺水或低温（低于15℃的时间超过3周）的经历，后来浇灌后上部叶片和枝条恢复较快，已泛绿并有新叶长出，而下部枝叶恢复较慢，所以，出现图上的表现。

建议

剪掉部分泛黄的枝条，摘除黄叶，放在20℃以上温暖的环境中，可以加速恢复生长。

19 问：承德适合种植油用牡丹吗，哪里有苗木供应？

河北省承德市　刘先生

答：周涤　高级工程师（教授级）　北京市农林科学院蔬菜研究中心

承德可以种植观赏牡丹。目前，油用牡丹的种植在全国各地掀起了一波热潮，主要和各地出台了一些扶植政策有关。从科学客观的角度分析，目前支撑该产业发展的条件非常滞后。主要表现在：资源保护和开发不足；品种单一；品种混杂现象严重；缺乏标准化种植技术；投入高、周期长；缺乏作为油料作物产量的科学评价方法和研究基础等。因此，个人认为作为油料作物进行种植风险较大，发展需谨慎。

苗木目前主要集中在山东、河南、甘肃等省及周边，建议用户可以亲自考察一下，再做决定。

20

问：图中是什么花，有什么习性？得了什么病，如何防治？

北京市东城区　网友“花卉爱好～索达克”

答：周涤　高级工程师（教授级）北京市农林科学院蔬菜研究中心

从图片看，是龙血树。属百合竹，多年生长绿灌木或小乔木。喜高温湿润环境，生长适温20~28℃，忌强烈阳光直射，适合室内散射光照条件，越冬要求12℃以上，冬季干燥易引起叶尖干枯。对土壤及肥料要求不严。可以水培观赏。图中新叶黄，老叶尖端枯黄，没有光泽，是缺肥引起的生理病害。

防治措施

通常2年换1次土。一般春季3—4月进行换盆。

进入秋季可进行施肥。先进行松土，改善土壤板结的状况，增加根部通透性。浇灌硫酸亚铁土壤条件至微酸性，促进养分吸收，浇灌观叶植物专用肥。控制浇灌频率，一般表土干至3~5厘米时浇灌，浇则浇透。

结合整形修剪干枝枯叶。保持环境通风良好，增加环境湿度，有利于新叶萌发。

问：发财树慢慢发黄了是怎么回事?
河北省　网友“河北绿化养护～殷女士”

答：周涤　高级工程师（教授级）　北京市农林科学院蔬菜研究中心

从图片看，可能是盆土长期过湿，根系受损导致叶黄。发财树不能长期缺水，浇水也不能太勤，忌通透性不良的土质和盆土长期过湿。

建议

应在盆土干燥至 8 成左右时再浇水，检查 5 厘米深度的土壤，干则浇水。花盆底部应有排水孔。

22 问：鸡蛋花种水池中，叶子长不起来，茎秆捏上去有点软，怎么补救？

福建省　网友“cb 陈”

答：周涤　高级工程师（教授级）北京市农林科学院蔬菜研究中心

从图片看，植株根部环境通透性差，造成根系受损，从描述的情况看，生长旺盛季节出现茎秆软，叶子不萌出，植株濒临死亡。

首先应尽快将植株移植出水池，换透气性好的容器栽植，如木制或陶制，让盆土过湿的土壤水分散失，恢复土壤的透气性。可放在不积水且遮阴通风的地方，如果根系没有完全坏死的情况，半个月后能看到新叶萌出，1 个月后可移到光照充足的地方正常养护。

23 问：锦屏藤上有白色的绒毛和颗粒状，是什么原因？

浙江省　网友“丽水～西米露”

答：周涤　高级工程师（教授级）　北京市农林科学院蔬菜研究中心

从图片看，这是菌丝体，是真菌引起的。由于植株生长过密，湿度较大、通风不畅造成。

24 问：常春藤枯了还有救吗?

江西省　网友“江西－家养植物新手”

答：周涤　高级工程师（教授级）北京市农林科学院蔬菜研究中心

从图片看，这个枯萎的情况有点严重，能否恢复要看根系受损的程度。

通常看到叶片梢下垂，叶片打卷，立即浇水可以恢复。而由于严重缺水造成的枯萎不要马上大量浇水，应分次少量浇水，促使根系慢慢恢复。同时，剪掉叶片减少蒸发，植株用带有透气孔的塑料袋罩住，放在阴凉处保持 1~2 周，直到有新芽萌发。

如果是因发生病虫害，如常春藤受到叶螨的为害也会发生照片中的枯萎现象。应采用换土、清洗植株，或去掉带有虫体或为害严重的叶片，重新栽植。按照上述方法，待植株萌发新芽后再正常养护。

25 问：玉兰树皮阳面粗糙，是怎么回事?

河北省　网友“河北绿化养护 ~ 殷女士”

答：鲁韧强　研究员　北京市林业果树科学研究院

从图片看，玉兰树皮粗糙，是日灼引起的。一般表现在枝干的西南侧，在日光强烈时段直射树皮，使树皮温度升高，造成树皮细胞衰弱甚至死亡，或衰弱的皮层被侵染腐烂病。

建议

图片上的玉兰树皮未完全枯死，可用涂白的方法克服日灼伤害。涂杜邦白油漆效果最持久，可 2~3 年有效。

26 问：栀子花叶面是什么害虫，怎么处理？

山东省　网友“山东登州港”

答：周涤　高级工程师（教授级）　北京市农林科学院蔬菜研究中心

从图片看，像是介壳虫。

如果是家庭种植，介壳虫较少时可人工捕捉；如果是大量种植，介壳虫大量发生、为害严重时，药剂防治仍然是必要的手段。药剂防治方法：冬季可喷施 1 次 10 倍的松脂合剂或 40~50 倍的机油乳剂消灭越冬代雌虫，或冬、春季发芽前，喷波美度 3~5 度石硫合剂或 3%~5% 柴油乳剂消灭越冬代若虫；在若虫孵化盛期，用 40% 氧化乐果乳油、40% 速扑杀乳油或 40.7% 乐斯本乳油与 80% 敌敌畏乳油按 1∶1 比例混合成的杀虫剂 1 000~1 500 倍液，连续喷药 3 次，交替使用，均有良好效果。

27

问：栀子花叶片有的发黄，是怎么回事?
甘肃省　网友“小王”

答：周涤　高级工程师（教授级）北京市农林科学院蔬菜研究中心

缺肥或土壤环境偏碱，造成养分供给受阻；土壤板结，土质通透性差，根系不能良好呼吸，造成根系养分吸收困难。如果土壤黏重板结，应用 pH 值为 5 左右的微酸性土壤换土，可用泥炭土、腐叶土与园土按 1∶1∶1 混合或南方的沙壤红土代替。栀子花喜肥，栽植土中可加入适量腐熟有机肥做底肥，平时稀肥勤施，进入 4 月生长旺盛期每半月喷施硫酸亚铁溶液，可以改善。

28 问：桂花叶子发皱，是怎么回事？

北京市　某先生

答：周涤　高级工程师（教授级）　北京市农林科学院蔬菜研究中心

从图片看，老叶发皱较严重，新叶没有这个现象，可能是叶芽伸展阶段肥水不平衡和环境温度剧烈变化造成的。桂花根系环境应保持微酸性且肥沃排水良好的土壤，过分干燥和施浓肥后浇水不及时，会造成叶片发皱。

29 问：茶花在阳台上，不断落叶，怎么回事？

北京市　网友“房山”

答：周涤　高级工程师（教授级）　北京市农林科学院蔬菜研究中心

在北方，阳台环境较为干燥，且盆栽养护土壤碱性有机质少，易板结且通透性差，营养吸收受阻缺肥，最后造成掉叶。

防治方法

避免夏季暴晒；增加环境湿度，生长旺盛期经常给叶片喷水；选用含有腐殖质较高的土壤，土壤 pH 值为 6 左右；保持土壤潮湿，不能土壤过干才浇水，也不能长时间过湿等造成根系受损。做到以上几方面，就可以改善不正常落叶的现象发生。

30 问：青苹果竹芋怎么养，换什么土？

北京市大兴区　王先生

答：周涤　高级工程师(教授级)　北京市农林科学院蔬菜研究中心

青苹果竹芋根系娇嫩，应选择疏松透气、富含有机质的微酸性土。可用泥炭与大颗粒珍珠岩混合，要求土壤微酸性。

生长适宜温度为18~28℃。温度过高生长会受到抑制，出现叶片干枯现象。温度过低植株生长势减弱，易感病，低于5℃时会受到冻害。

青苹果竹芋喜湿润环境，应经常向叶片喷水和用软布擦拭叶片。喜阴，除冬季温度低于15℃左右时，其他季节和高温环境要放置在不直晒，且通风良好的地方。其叶片较大，植株蒸发量较大，应保持基质湿润，基质稍过干会造成根系损伤，但也不能长期过湿，引发根系腐烂。其对水质要求较高，水要洁净，硬度不能过高。浇灌水的温度与植物环境温度差不要太大，自来水应晾晒2~3天后再用，长期浇灌自来水容易造成盐分积累，损伤根系。

生长期间，可每周浇施稀薄有机肥1次。进入夏季后，当气温高于32℃时，应停止施肥。秋末冬初，若棚室温度低于18℃，也应停止一切形式的追施。否则，易引起肥害烂根。

31 问：红掌怎么养，换什么土？

北京市大兴区　王先生

答：周涤　高级工程师（教授级）　北京市农林科学院蔬菜研究中心

红掌采用泥炭土混合大颗粒珍珠岩作为栽培土比较理想，同时，应添加适量缓释肥。

红掌属于对盐分较敏感的品种，避免长期浇灌自来水造成土壤盐分积累，引起养分吸收障碍，导致花变小、花茎变短。天然雨水是红掌栽培中最好的水源，家庭中应用调过酸碱度的酸性水浇灌。

日常应放在室内有散射光的地方，避免强光照射，保持环境透风良好。

红掌适合空气相对湿度为60%以上，可以在植株周围喷洒水雾，特别是冬春北方干燥季节经常用湿布擦拭叶片。

红掌喜肥，每半月随水浇肥1次。

第六部分　土　肥

01 问：什么样的草炭土是好的草炭土？图片中的质量怎么样？

北京市昌平区　网友“昌平蔬菜种植”

答：张有山　研究员　北京市农林科学院植物营养与资源研究所

草炭土一般分为高、中、低 3 种层位。从质量来看，高位草炭酸性强，含氮和微量元素少，用它做蔬菜营养土必须先调解酸度至弱酸性才可；低位草炭酸性不强，含氮及微量元素较高，风干粉碎后可直接做肥料但不宜单独做栽培基质；中位草炭介于两者之间，酸度不强也有较多的营养，既可以用于无土栽培也可以用于配制培养土。好的草炭土一般呈棕色或黑色，含有机质在 70% 以上，含微量元素较多，酸性不强，酸碱度在 5.0~5.5。

发来的图片中草炭土颜色深浅有别，养分应该说有差异。一般来说，从颜色上分辨，颜色深含有机质多养分多，浅色的含有机质少养分少。但是，草炭土的质量仅从颜色来判断可能不全面，还要看它的来源地及它的含水量、保水性、松紧度等物理性状做全面分析。如果是商家经营的草炭产品，一般是经过加工的，有的呈颗粒状，有的保持原状，这时衡量质量好坏一项重要指标主要是看颜色。至于养分、水分含量和酸度，需要对照产品说明进行综合判断。

02

问：测土结果是这样的，需要施什么肥呢？

北京市通州区　网友“冰冷外衣”

答：张有山　研究员　北京市农林科学院植物营养与资源研究所

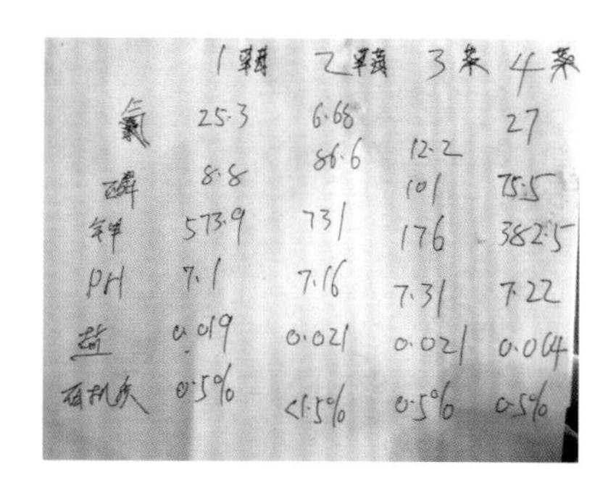

	1 [illegible]	2 [illegible]	3 [illegible]	4 [illegible]
氮	25.3	6.68	12.2	27
磷	8.8	86.6	101	75.5
钾	573.9	731	176	382.5
PH	7.1	7.16	7.31	7.22
盐	0.019	0.021	0.021	0.064
有机质	0.5%	<1.5%	0.5%	0.5%

测土施肥是科学施肥的重要手段，而测土又是测土施肥的基础。只有测了土壤的养分才可以合理确定补充什么肥料，特别是确定基肥用什么肥料更有指导意义。根据图片的测定值建议如下：

（1）4 个大棚的土壤酸碱度 pH 值和土壤盐分都不存在问题。

（2）4 个大棚的有机质除 2 号棚含量还算可以，其他 3 个棚含量都低，建议重新测一次。因为一般大棚的土壤如果不是沙土地不会这么低，除非土质为沙土。如果从新测定的结果还是小于 1.5% 那就要多补充有机肥，有机质小于 1% 种草莓或蔬菜都长不好。

（3）土壤含钾量 4 个大棚都比较高，特别是 1 号、2 号大棚，适于种草莓，因为草莓对钾的需求量大，基肥中就不用施钾肥了；3 号大棚含钾相对比其他 3 个棚低些，如果种番茄、黄瓜、茄子等果菜类时基肥还要补充些钾肥如氯化钾，每亩可用 20~30 千克以保证果品质量。

（4）4 个棚中磷的含量除 2 号棚高，其他 3 个棚都低，基肥中可用过磷酸钙与有机肥一起堆沤补充磷。

（5）4 个棚的氮都少，在基肥中氮都要补充，同时，在作物生长期间还要及时补充氮肥。

03 问：蚯蚓地里的虫子，吃牛粪特厉害，对蚯蚓有危害，是什么虫子?

山东省济宁市　网友“济宁一蚯蚓养殖”

答：尉德铭　副研究员　北京市农林科学院玉米研究中心

从图片看，该虫子应该是金龟子的幼虫——蛴螬。牛粪中的虫子是牛粪中的虫卵孵化出来的，可以采用生物发酵剂处理的办法解决。推荐使用农盛乐 EM 菌，经过发酵之后，可以杀死牛粪中的虫卵、病菌等。

04 问：种黄瓜闷棚时用什么粪好？

山东省　网友“筱雨”

答：张有山　研究员　北京市农林科学院植物营养与资源研究所

闷棚对蔬菜是一项减少病害、杂草，改善土壤不良结构，提高地力的综合有效措施，对防治黄瓜霜霉病有良好效果。闷棚一般在夏季7—8月土地休闲时进行，可利用闷棚完成有机肥的发酵过程。具体方法是：先在闷棚前将畜禽粪便均匀撒在地表，后用旋耕机旋耕把有机肥混入土中，再深翻25厘米左右。大棚在闷棚时温度可达到70℃以上，地表10~20厘米的土壤温度可达到70℃，闷硼时间20~25天，在这种环境下有机肥就能完成发酵过程，既消除了肥料烧苗又起到了杀菌除草的作用，同时，又增加了供黄瓜生长所需的有效养分。在闷棚后还可以往土壤中施入生物菌肥，以增强土壤抗病的能力。

05 问：用 EM 菌液发酵牛粪，一星期后怎么变得更臭了？

黑龙江省　网友“rain”

答：张有山　研究员　北京市农林科学院植物营养与资源研究所

用 EM 菌发酵牛粪可以节省发酵时间提高粪肥质量。

发酵过程中要掌握好几点

（1）首先 EM 菌液必须是合格产品。

（2）菌液和牛粪的用量比例大致为 1∶400 左右，或按照 EM 菌说明书上规定的比例。

（3）在牛粪中加 20% 的秸秆粉以满足微生物碳氮比的要求。

（4）要求牛粪水分含量在 40% 左右，即用手捏成团掉地上能散开的程度。

（5）要求封闭的厌氧条件，有机肥与 EM 菌液充分混匀堆成堆后要用塑料布盖严。堆腐时间大约为 10~15 天，发酵好的有机肥基本上无多大的臭味。

根据上面说的几点要求，对照一下看存在什么问题再加以改进；也可以询问 EM 菌出售单位看 EM 菌是否为合格产品。按国家要求合格的菌肥其 EM 有效活菌数应大于或等于每毫升 2 亿个，如果是不合格的产品就难以把有机肥发酵好。

06 问：盐碱地上什么肥料改良土壤？
河北省　网友“沧州老徐”

沧州属于滨海盐碱土，其盐分以氯化钠为主。治理这种盐碱土最有效的办法是水洗，用水压盐，把盐分压到下面土层或把盐分排走达到改良的目的。用肥料改良盐碱地是属于农业措施，是一种治标的办法，不能治本。施用有机肥可以增强土壤的抗逆性，增加它对盐分的缓冲性能，减轻盐分对作物的危害。同时，有机肥又可以为作物提供养分促使作物快速生长，提高其抗盐的能力。若从作物本身来讲，拿住苗之后通过施用化肥促其健壮生长增强抗盐能力也是治理盐碱地的有效措施之一，但其前提必须是拿住苗了才行。用化肥改良以氯化钠为主的盐碱地，效果不好。

07 问：用什么发酵鸡粪既快又好？

贵州省遵义市　新蓝图种植合作社

答：张有山　研究员　北京市农林科学院植物营养与资源研究所

鸡粪使用前要先发酵，其好处是通过发酵杀死了大部分病菌，既利于作物健壮生长，也避免了因在土壤中发酵产生热量造成烧苗。鸡粪发酵分为常规发酵和快速发酵 2 种。常规发酵时间长达 2~3 个月，快速发酵 7~10 天即可。快速发酵是指用有机肥发酵剂掺到鸡粪中，利用其中的有效菌种促进发酵过程。快速和常规发酵都要求不要在鸡粪中掺土，可以掺辅料如锯末、粉碎秸秆等，鸡粪与辅料按（5∶1）~（3∶1）的比例掺混，堆成高 1.2 米左右的粪堆，含水量在 50%~65％左右，1 千克发酵剂可以拌鸡粪 3~5 吨。堆腐时要经常翻动，第一次是在堆肥温度上升至 45℃时翻动，3 天翻 1 次，当温度达到 65℃以上时 2 天翻动 1 次。堆肥腐熟的标志是堆肥温度开始降低，物料松散，物料原来的臭味消失且稍有氨味，堆内布满白色菌丝，时间大体在 7~10 天。

销售有机肥发酵剂的厂家很多，离贵州较近的有广西北海群林生物公司。还有菌益康牌发酵剂，其厂家地址不详，用户可以通过网上查询。使用方法可参照产品说明书。

08 问：南方弱酸性的土壤，沙红土，土里有点青苔和白色的物质，是盐碱吗?

广西壮族自治区　网友“广西－南宁－西瓜”

答：张有山　研究员　北京市农林科学院植物营养与资源研究所

我国盐碱土主要分布在华北平原、新疆和东部滨海地区，有内陆盐碱和滨海盐碱 2 种。从其组成看有氯化钠、硫酸盐、碳酸盐和重碳酸盐 4 种盐分为主，多数是 2 种盐分混合物。不同成分的盐类其性质和危害程度不同。其中，以氯化钠和碳酸氢钠 2 种危害最重。用户所讲的情况可用简单测试方法证明其属盐碱性质，根据描述的情况可能属于硫酸盐盐类，用口尝有点凉的感觉，如果又凉又咸，可能就是氯化钠和硫酸盐的混合物盐类。

第七部分 畜 牧

（一）家禽

问：天冷导致散养柴蛋鸡产蛋减少，怎么才能提高？
北京市顺义区　石先生

答：张剑　副研究员　北京市农林科学院畜牧兽医研究所

随着天气越来越冷，散养柴鸡蛋产蛋量会逐渐减少，这主要是受到气温逐渐降低，光照长度慢慢变短等因素影响。在生产中要注意鸡舍的保暖，减少鸡只外出放养的时间。

建议

应当在温度、阳光条件允许的情况下才将鸡只放出鸡舍外散养，其他时间应在舍内饲养。维持恒定的光照长度和强度对产蛋量的影响也很重要，可以在圈舍内进行适当补光。

02 问：鸡冠子发乌、打瞌睡、拉稀，后死亡，是怎么回事?

四川省大英县　李先生

答：赵际成　助理兽医师　北京市农林科学院畜牧兽医研究所

从图片看，鸡冠子发乌说明鸡的血管末梢循环出了问题，一般是心衰或者肺循环有问题。这种情况很可能是传染病，需要做病理实验室进一步诊断。此外，确诊还要看问题是群发还是个体发生，死亡前除拉稀以外还有什么症状，例如，饮食情况，精神状态，发病到死亡的过程这么样，还有剖检诊断的病理变化等。

对于出现的这种情况，应将病鸡隔离，尽快请当地畜禽防疫部门专业人员前往诊治，以免病情蔓延，让农户遭受损失。

03 问：用孵化机孵化鸡雏怎么挑选鸡蛋？

北京市顺义区　石先生

答：赵际成　助理兽医师　北京市农林科学院畜牧兽医研究所

用孵化机孵化鸡雏和一般土法孵化的道理是相同的。首先，要尽量避免使用刚开产的初产蛋做种蛋，初产蛋个头偏小，孵化的鸡雏容易出现弱雏。其次，在挑选种蛋的时候要淘汰过大或过小和形状不规则的鸡蛋。要选择形状规则，大小均匀，颜色正常，表皮无破损并且干净无污垢的鸡蛋做种蛋。对于品相完好、仅在蛋壳上有污垢的鸡蛋，要用细砂纸轻轻打磨掉污物才能入孵。

04 问：冬天蛋鸭怎么喂养?
北京市大兴区　网友“甜妈”

答：张剑　副研究员　北京市农林科学院畜牧兽医研究所

冬季天气寒冷，日照时间短，一般来说蛋鸭产蛋率会下降。为使蛋鸭在冬季高产稳产，建议从保暖、日粮及光照等方面采取相应的技术措施。

（1）搞好棚舍的防寒保暖工作。产蛋鸭最适宜的环境温度为13~20℃，必须保持棚舍内温度在深夜时达到5℃以上。

（2）及时调整日粮。饲喂配合料，最好是全价饲料，在配料中应提高代谢能浓度，适当增加玉米或小麦饲料（占饲料总量70%~75%）。

（3）保证光照时间。寒冷季节自然光照时间缩短，使得蛋鸭脑下垂体分泌的促性腺激素减少，造成产蛋下降。因此，必须补充人工光照，使每天光照时间维持在16~17个小时。同时，还要做好日常的疾病防疫工作。

（二）家畜

01 问：猪腿部有油状物流出，进食量大减，是怎么回事？
山东省　网友“台儿庄—华明”

答：赵际成　助理兽医师　北京市农林科学院畜牧兽医研究所

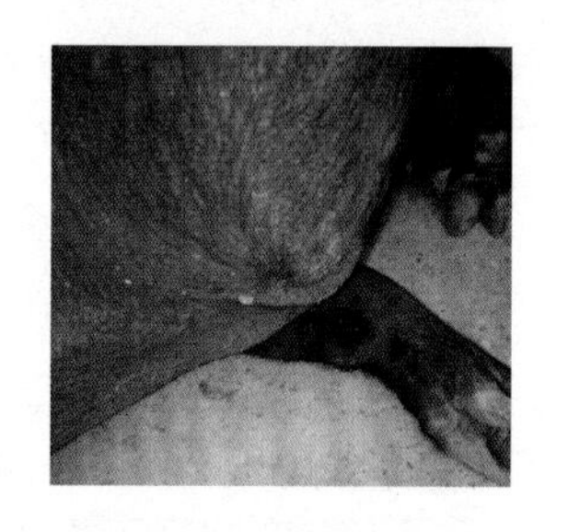

从图片看，关节部位有变粗的情况，但不严重，内测皮肤潮湿，应该是您说的油状物，能流出，说明皮肤有破口，应该是破溃。不知道这只猪行走是否正常，如果行走异常，基本可以判断是腱鞘炎破溃。如果是行走正常，应该是表皮或肌肉感染化脓破溃。如果饮食已经受到影响，说明病情严重，可能已经出现菌毒血症。如果出现了体温降低的情况，就已经到了濒死期，基本很难救治；如果体温还没有变化，或者体温升高，还可以治疗痊愈。方法是用手术刀将创口扩大，形成开放式伤口，使用双氧水，将创口内的浓汁清洗干净。在创口内撒入消炎粉。使用大剂量先锋，混合地塞米松磷酸钠肌肉注射。如果体温升高，可以加入安痛定。3 天后停用地塞米松磷酸钠，抗生素继续使用。持续 1 周后看病情用药。创口处理每天 1 次，这期间要观察创口内肌肉组织恢复情况，在肌肉组织没有完全恢复之前，要防止皮肤愈合（皮肤组织愈合快于肌肉组织，容易形成封闭性创口，封闭性创口容易发生破伤风，要特别注意）。如果 1 周后没有完全康复，应更换抗生素种类。特别指出的是，这种病死猪要深埋，不能食用。

02

问：如何治疗母牛子宫脱垂？
山西省　某先生

答：张剑　副研究员　北京市农林科学院畜牧兽医研究所

治疗母牛子宫脱垂的方法

（1）用0.1%高锰酸钾溶液冲洗脱出的子宫，清除子宫黏膜上黏附的污物，再用3%的明矾水冲洗，最后用2%雷夫努尔溶液冲洗。

（2）如果子宫脱出部分发生破裂时，应用止血药或止血钳彻底止血，止血后消毒缝合伤口再用青霉素油剂涂于缝合处。

（3）子宫处理后，消毒手臂并涂油，双手握住子宫脱出的部分，趁患牛努责时小心用力将其推向子宫内，然后双手形成拳头，在子宫内上下左右摇摆几下，帮助子宫复位。

（4）为防止子宫重新脱出，可向子宫内灌注0.1%高锰酸钾1 000~5 000毫升，子宫复位后，在阴门上做3~4道内翻缝合，待子宫彻底复位后再行拆线。

03

问：早产 11 天，出生 7 天的小牛喘气不匀咋回事?

内蒙古自治区　网友“内蒙 – 葛 – 黄瓜种植”

答：赵际成　助理兽医师　北京市农林科学院畜牧兽医研究所

用听诊器听听呼吸音，看看有没有杂音，呼吸音是否比较粗。再检测一下体温，如果呼吸音不正常，还有体温反应，有可能是幼畜肺炎。使用青链霉素，加安痛定加地塞米松磷酸钠注射液肌内注射，每天 2 次。治疗注射不能超过 7 天，抗生素治疗时间过长，会造成假膜性腹泻，对幼畜很危险。

04 问：羊乳房周围皮肤有突起的小疙瘩，是什么病，怎么治?

河北省　网友“河北～种养接合”

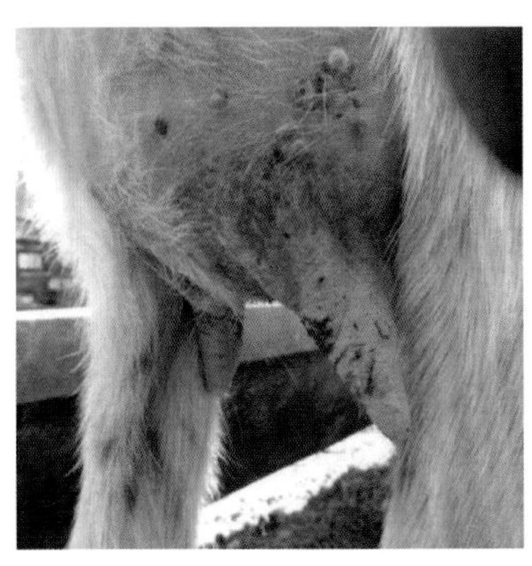

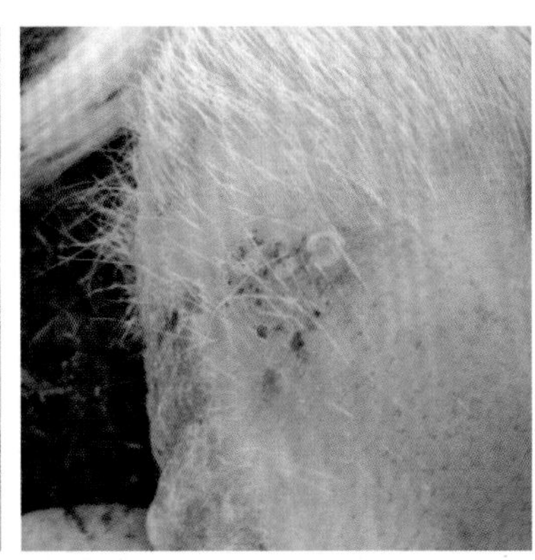

答：赵际成　助理兽医师　北京市农林科学院畜牧兽医研究所

请仔细观察一下羊蹄部和口腔有没有溃疡，有没有流涎情况。如果有以上情况，有可能是口蹄疫。口蹄疫是病毒病，没有针对的药物，应尽快淘汰。

如果仅限于乳房周围皮肤，羊身上其他无毛区或其他部位皮肤没有这种情况，则怀疑是普通的皮疹或湿疹。可以每天用温的高锰酸钾水清洗乳房周围，高锰酸钾浓度控制在3%左右，浓度不要太高。清洗后擦干，用鱼石脂软膏涂抹病灶。同时，要对圈舍环境进行消毒，勤换垫料，保证圈舍干燥通风。

05

问：羊下巴下面起包，伴有拉稀，严重的整个嘴周边都肿起来了，慢慢就死了。到底是什么毛病？

内蒙古自治区　网友“直觉”

答：赵际成　助理兽医师　北京市农林科学院畜牧兽医研究所

从图片看，是一种疫病，需要进一步确诊。

确诊步骤

一是要翻开嘴唇看看有没有溃疡，或把舌头拉出来再看看有没有溃疡；二是看看稀便里有没有混合血液或排过血便。如果有上面任意一种症状，就基本可以确定是小反刍兽疫。这个病只能靠疫苗免疫预防，没有好的治疗药物，建议尽快给周边健康羊群免疫小反刍兽疫疫苗。由于这个病属于扑杀传染病，建议尽快将病羊扑杀并进行无害化处理。

06

问：羊羔行走缓慢，后期单后肢跗关节着地，跗关节肿胀，是怎么回事?

北京市密云区　某先生

答：赵际成　助理兽医师　北京市农林科学院畜牧兽医研究所

单肢跗关节着地，首先可排除缺钙造成关节发育不良的可能性。跗关节着地，而不是蹄着地，说明蹄部疼痛，不敢着地。跗关节的肿胀很有可能是长期使用跗关节吃力行走造成的继发炎症，不是原发病因。分析原发病因应该是在蹄部，根据之前放羊跟群情况，很有可能是蹄部扭伤或扎伤，由于伤口很小不易发现，因而耽误了治疗。根据这种情况，建议使用青链霉素加盐酸利多卡因加地塞米松磷酸钠，以正常用量混合，在肿胀部位上下，分点封闭注射治疗，同时，检查蹄部是否有扎伤情况，如果有扎伤情况，可同时处理，每天消毒直至完全康复。

问：羊是什么病，怎么治疗，传染吗?
河北省　马先生

答：赵际成　助理兽医师　北京市农林科学院畜牧兽医研究所

应该是螨虫，螨虫可以使用药浴治疗。

治疗方法

使用双甲脒以 1∶10 比例对水洗浴。隔 3 天后再洗 1 次。1 周后再重复。如果有条件做全身药浴效果更好。

08

问：狗脚趾肿了还发黑，用针扎破挤出来都是黑血，怎么回事?

天津市　网友“白天不懂夜的黑”

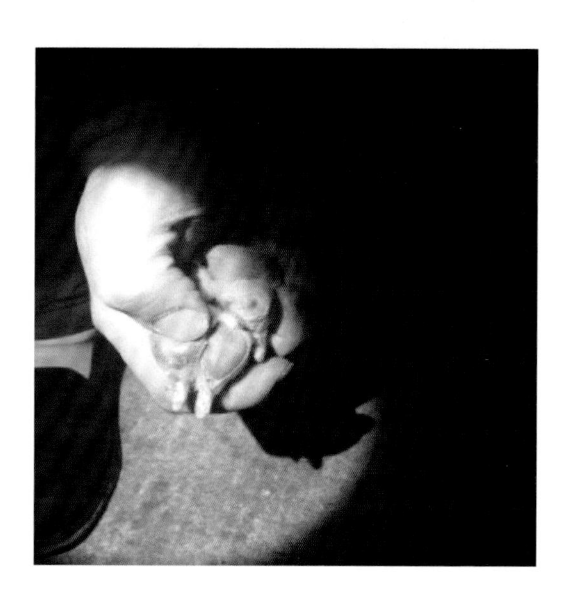

答：赵际成　助理兽医师　北京市农林科学院畜牧兽医研究所

从图片看，狗的每个脚垫上都有一个黑点。如果仅限于这一只脚，而且仅限于脚垫上，而在趾缝当中没有这种情况，则怀疑是在遛狗的过程中，狗的脚垫被荆棘一类的异物刺伤。因为这类的刺很小，创口非常小，不易被发现，也不会对狗造成很大的伤害，所以，狗狗开始表现的不明显。这种情况下，因为小狗四肢活动非常频繁，所以，伤口也不好愈合。建议将黑色丘疹刺破，放出淤血，用碘酒消毒。注意消毒后的一段时间内，不要让狗舔舐脚垫，直到碘酒完全干燥。以后遛狗时，尽量避免让狗进入草丛，以免类似情况再次发生。看图片情况并不严重，应该不需要口服消炎药物。

第八部分 水 产

01

问：哪个品种的鱼 1.5 千克以上在清水中生存几个月不死？在这种情况下，鱼体内的抗生素与农药残留要多长时间能下降到忽略不计？

北京市延庆区　网友“中国水果玉米”

答：徐绍刚　高级工程师　北京市农林科学院水产科学研究所

一般情况下，绝大部分品种的淡水鱼在规格达到 1.5 千克以上时，在清水中不投喂饲料均能活 3 个月以上。要求水温最好能够保持在该种鱼适应温度的较低位置，这样使鱼降低能量消耗，减少体重降低。

关于鱼体内抗生素及农药残留问题，如果是可以代谢的抗生素或农药，正常情况下可以代谢掉大部分，但不一定会可以达到忽略不计的水平。而对于如孔雀石绿等这些在鱼体内可以富集的鱼药，则很难在短时间内代谢出体外。

02

问：将蚯蚓粪放入鱼塘，对鱼跟水有没有不利的影响?
河南省　网友“河南农民”

答：徐绍刚　高级工程师　北京市农林科学院水产科学研究所

蚯蚓粪含有丰富的蛋白质和氨基酸等营养成分，是鳙、鲢、鲫、鲤等家鱼和一些名贵鱼类的上好饲料。蚯蚓粪可投塘培育浮游生物对养鲢、鳙鱼有利，也可被鲤、鲫鱼等直接摄食。也可直接用蚯蚓粪养田螺，用 5~8 千克蚯蚓粪即可生产 1 千克田螺，另外还可以用来喂养泥鳅、小龙虾。有的地方在鱼饲料中加入蚯蚓和 15%~20% 的蚯蚓粪，可替代部分饲料，还能增加饲料的适口性、增强抗病能力。

因此，蚯蚓粪一般不会对鱼类产生不利的影响，但对水质的影响应引起注意。蚯蚓粪毕竟是有机质，投放过量会造成缺氧或水质变坏。应用过程中应当加强鱼塘水质管理，适时更换养殖水。

03

问：养殖青蛙什么时候能结束冬眠，能否人工诱导让它提前出土产卵？

河南省　某先生

答：徐绍刚　高级工程师　北京市农林科学院水产科学研究所

青蛙是冷血动物，无法调节自身的体温，当温度降到 7~8℃时即进入冬眠状态。青蛙冬眠是对外界温度、湿度、食物等条件恶化时的一种适应。青蛙通过冬眠降低了新陈代谢水平，身体进入麻痹状态，从而减少了体能的消耗。其结束冬眠是通过感觉器官感受到外界温度提高到一定程度而产生的一系列生理变化，当气温达到 10℃以上时，青蛙的体温也逐步恢复到该温度，心跳恢复，生理活动加快，随即结束冬眠。因此，一般情况下，青蛙结束冬眠的时间与环境温度稳定通过 10℃的时间息息相关，一旦青蛙感受到了温度带来的变化，就会结束冬眠。

综上，可以通过人工诱导使青蛙提前结束冬眠，通过改变养殖环境的温度，使其提前感受到温度升高，它就会醒来。应当注意青蛙结束冬眠后气温要保持在 10℃以上，不要在 7~10℃徘徊，以免让它产生不良应激反应。

04

问：养青蛙池里能种莲藕吗？能不能套养鱼和泥鳅什么的，怎样提高水质？

河南省　网友“河南农民”

答：徐绍刚　高级工程师　北京市农林科学院水产科学研究所

养青蛙池种植莲藕这个模式本身就是充分利用水体空间的经济模式。这种模式的好处是，莲藕可以将水体内的营养物质吸收，有利于净化养殖水体。关于套养其他鱼类，原则上只要不是套养肉食性鱼类，都是可以的。

05 问：有没有必要控制养殖甲鱼、青蛙鱼的公母比例？

河南省　网友“河南农民”

答：徐绍刚　高级工程师　北京市农林科学院水产科学研究所

人们控制水产动物的雌雄比例是有目的的。罗非鱼雄性个体远比雌性个体生长的快且个体大，因而会有发展全雄鱼的研究。漠斑牙鲆、舌鳎雌性个体远大于雄性，则发展全雌鱼的研究。虹鳟鱼雌性个体性成熟时间较晚，且能提供鱼卵，制成鱼子酱，则发展全雌鱼的研究。实际上，鱼类全雄鱼、全雌鱼的制备方法是不同的，有的直接投喂甲基睾丸酮即可、有的需要通过温度调控，从而控制雌雄鱼比例。虹鳟鱼则需开展假雄鱼的制备，再开展全雌鱼的生产。

至于用户问到的甲鱼、青蛙这些养殖对象，由于雌雄个体差异不大，而且也没有明显的消费偏好，因此，个人认为没有控制雌雄比例的必要。

06 问：鱼缸养小锦鲤供观赏，都需要注意什么问题？

北京市大兴区　梁先生

答：徐绍刚　高级工程师　北京市农林科学院水产科学研究所

鱼缸养观赏鱼不同于大水体养殖，需注意以下几个方面的问题。

（1）注意放养的密度。鱼缸的水体太小，很容易出现水质急剧恶化的情况，因此，如果是初次养殖要注意尽量少放。

（2）投喂饵料不要太多。投喂太多无论是鱼全部吃掉或是有剩余饵料掉入池底，都会对水体带来大量的负担，容易引起水质恶化。

（3）注意氧气的量。鱼缸内最好能有一个充气泵或是能有一个循环泵，这样运转后可以保证鱼缸内充足的氧气量。

（4）注意鱼缸内水质变化。一般鱼缸都会有一个循环系统，可以过滤掉沉淀物的同时分解部分水体中的氨氮，但鱼缸的自净能力相对还是较弱的，因此，还是需要定期换水。注意每次换水量最好不要超过一半。

（5）注意鱼缸内温度变化。根据水体温度安排投喂量，水温低时尽量少喂，甚至停喂。锦鲤 10℃以下基本停食，不要投喂。

（6）定期清理鱼缸。鱼缸养殖时间长了，会在鱼缸内壁上长出青苔或水藻，为了美观的同时，防止水藻突然死亡造成水质变坏，要定期清理，该步骤可在换水时同时处理。

07 问：鱼缸里养的鱼尾上起了很多小白点该怎么办？
北京市大兴区　梁先生

答：徐绍刚　高级工程师　北京市农林科学院水产科学研究所

秋季鱼缸里的鱼普遍容易得白点，主要原因是昼夜温差比较大。鱼身上的白点应该是小瓜虫，小瓜虫主要寄生在鱼类的皮肤、鳍、鳃、头等部位，其胞囊呈白色小点状，肉眼可见，严重时鱼体浑身可见小白点，又称白点病。小瓜虫最适的感染温度为20~25℃，一般情况下，水温高于30℃小瓜虫就会停止繁殖。

可以在鱼缸内放入加热棒，将鱼缸水温调高到33℃左右，保持在3天，这样鱼体上的小瓜虫即会自然脱落死亡。若有条件，每天应换水1/3左右，同时吸底，尽量将小瓜虫的胞囊吸出来，3天后逐渐将鱼缸水温降低到28~30℃并长期保持在该温度即可。

08 问：鱼每天都死很多，是什么原因？

浙江省　网友“杨，浙江衢州”

答：徐绍刚　高级工程师　北京市农林科学院水产科学研究所

图片不是很清楚，但仍可以看到草鱼体表好像没有外伤，鱼鳃也没有变白或有明显的锯齿现象，但鱼鳍的基部充血比较明显，并且伴随着肛门红肿现象，不是寄生虫病；挤一下腹部看看肛门处有没有黄色的脓液排出，如果有可初步判断为肠炎；如果水温超过了30℃，甚至达到32℃以上，也有可能是草鱼出血病，这个季节是草鱼出血病的高发季节，尤其对草鱼的鱼种来说，更容易暴发。

09

问：鱼身上有白点，是怎么回事？

北京市海淀区 于女士

答：徐绍刚 高级工程师 北京市农林科学院水产科学研究所

鱼身上的白点是小瓜虫。

小瓜虫主要寄生在鱼类的皮肤、鳍、鳃、头等部位，形成胞囊呈白色小点状，肉眼可见，严重时鱼体浑身可见小白点，又称白点病。

小瓜虫最适感染温度为20~25℃，30℃以上小瓜虫停止繁殖。鱼发病是由于鱼缸水温较低或温差较大引起的。可在鱼缸内放入加热棒，将鱼缸水温调高到33℃左右，保持在3天左右，鱼体上的小瓜虫会自然脱落死亡，3天后逐渐将鱼缸水温降低到28~30℃并长期保持在该温度即可。

10 问：血鹦鹉鱼缸的温度一般是多少度？平时怎么换水？平时注意些什么？

云南省　网友“清河”

答：徐绍刚　高级工程师　北京市农林科学院水产科学研究所

养殖血鹦鹉鱼缸温度一般在 28~32℃，换水时温差一般不超过 2℃都没有问题；换水的频率和放养鱼的多少和投喂量有关，70 厘米的鱼缸放 4 条时，一星期换 1 次水就可以了，每次换水量为 1/3，注意换水量最好别超过 1/2，容易引起鱼的应激反应。

注意

（1）如果鱼缸是 1.5 米或 1.5 米以上的，且同时带有过滤、循环和增氧设备的鱼缸，可以多放些鱼。

（2）平时要注意投喂量，1 天投喂 1 次就可以了，且不要喂得太饱，容易坏水。

（3）及时清洗过滤棉。

（4）换水时，注意不要使环境有大的改变，如换水量过大、温差过大、鱼缸有青苔后一次性全部清理等，都易引起血鹦鹉的应激反应。